电梯安全性设计改进

常国强　井德强　白　涛 编著

西北工业大学出版社

西安

【内容简介】 本书分为 6 章:第一章介绍了电梯安全的重要性和特点以及电梯与建筑物的关系;第二章阐述了以可靠性为基础的安全设计,提出了预防维修的设计理念;第三章对曳引式电梯安全保护装置的有效性进行了分析,提出了设计改进思路;第四章对自动扶梯和自动人行道安全保护装置的有效性进行了分析,提出了改进思路;第五章阐述了高海拔地区对电梯的特殊要求;第六章简述了电梯的相关试验和检验等。

本书可供电梯、自动扶梯和自动人行道的设计、制造、检验以及监察人员阅读、参考,也可供相关设备的管理人员、维护保养人员阅读、参考。

图书在版编目(CIP)数据

电梯安全性设计改进 / 常国强,井德强,白涛编著
. — 西安 : 西北工业大学出版社,2022.7
ISBN 978 - 7 - 5612 - 8219 - 9

Ⅰ.①电… Ⅱ.①常… ②井… ③白… Ⅲ.①电梯-
安全技术 Ⅳ.①TU857

中国版本图书馆 CIP 数据核字(2022)第 086357 号

DIANTI ANQUANXING SHEJI GAIJIN

电 梯 安 全 性 设 计 改 进

常国强 井德强 白涛 编著

责任编辑:张 潼		策划编辑:杨 军	
责任校对:孙 倩		装帧设计:李 飞	
出版发行:西北工业大学出版社			
通信地址:西安市友谊西路 127 号		邮编:710072	
电 话:(029)88491757,88493844			
网 址:www.nwpup.com			
印 刷 者:西安浩轩印务有限公司			
开 本:787 mm×1 092 mm		1/16	
印 张:8.625			
字 数:215 千字			
版 次:2022 年 7 月第 1 版		2022 年 7 月第 1 次印刷	
书 号:ISBN 978 - 7 - 5612 - 8219 - 9			
定 价:49.00 元			

前　言

随着社会现代化进程的发展,电梯已融入人们的生活、工作之中。电梯使用的安全性尤为关键。电梯的固有质量及质量的保持是电梯使用安全性的决定因素。随着科技的发展,电梯设计的理念也随之发生了变化。分析电梯使用过程中发生事故的原因,结果显示,电梯在安全性设计上还需要进一步改进提高。为此,本书以现有电梯的安全性为基础,以提高电梯的本质安全性为出发点,对现有电梯的安全性进行了分析,并提出了进一步提高安全性设计的理念和方法。

本书以现有电梯、自动扶梯和自动人行道的安全性标准与技术水平为基础,以提高其本质安全性为目的,重点围绕现有电梯、自动扶梯和自动人行道安全保护装置的有效性进行了分析,提出了进一步提高三类设备安全保护装置功能有效性的设计改进思路。同时,为了保持三类设备在使用中的固有性能,实现有针对性地实施维护保养,提出了这三类设备预防维修性的设计理念、技术和基本方法。

本书第一章、第二章、第四章由常国强编写,第三章、第五章、第六章由井德强编写,白涛参与了本书的编写。全书由常国强统稿,高勇审定。

在编写本书的过程中,曾参阅了相关的文献资料,在此向其作者表示衷心的感谢。

由于笔者水平有限,书中难免存在缺点和不足,恳请广大读者及专家指正。

编著者

2021 年 3 月于西安

目　录

第一章 概　述

产品的固有质量是由设计质量决定的,产品的固有质量包含了可靠性、维修性和安全性等。电梯也不例外,其安全性是由设计质量决定的,制造和安装阶段保证的,维护保养阶段保持的,使用阶段体现的。

型式试验是对设计质量的验证,监督检验是对制造、安装、使用质量的一致性和稳定性的验证。

第一节　电梯安全性设计的必要性

美国的奥的斯(Elisha Graves Otis)先生于 1853 年发明了电梯,并将其作为一种垂直的楼宇交通工具。电梯与汽车、火车等交通工具一样,在为人们节省时间和体力的同时,也不可避免地带来了一定的风险。将风险降至最低是电梯设计者、安装者、维护保养者和电梯管理者等一直追求的目标。

众所周知,产品在设计阶段能解决的质量问题绝不能遗留到制造阶段,在制造阶段能解决的质量问题绝不能遗留到使用阶段。否则,解决问题的费用将会成数十倍增加。电梯作为机电产品的一种也不例外。一个安全可靠的电梯是设计出来的,安全性设计是保证电梯质量和安全性的关键一步。企业保证电梯质量应重视安全性设计。

一、质量是企业发展的需要

企业发展是硬道理,产品质量已成为一个企业在市场中立足的根本和发展的保证。产品质量的优劣决定产品的生命力,乃至企业的发展命运。没有质量就没有市场,没有质量就没有效益,没有质量就没有发展。因此,质量才是硬道理。

二、质量意识是保证质量的关键

产品质量取决于过程质量,过程质量取决于工作质量,工作质量最终取决于人的素质。无论是产品质量、服务质量还是工作质量,最终反映的是提供服务,进行管理的人的质量。因此,要高度重视人的作用,充分调动人的积极性和创造性,最大限度地保证产品质量、服务质量和工作质量。质量是企业的生命,质量意识是企业生命的灵魂。因而,要提高产品质量,必须先要增强人的质量意识。

三、细节是提高质量的重点

追求质量,要求从小事做起,做好细节。泰山不拒细壤,故能成其高,江海不择细流,故能成其深。细节是操作过程的流程要领,掌握好细节也就能把住质量。随着分工的越来越细和专业化程度的越来越高,注意抓好细节,精益求精保证质量才能让产品在竞争中取胜。因此,追求质量完美,把握细节是提高质量的重点。

提高产品质量不仅对企业发展有至关重要的意义,还将对社会产生深远的影响。产品及服务质量是决定企业素质、企业发展、企业经济实力和竞争优势的主要因素。质量还是争夺市场最关键的因素,谁能用灵活快捷的方式为用户提供满意的产品或服务,谁就能赢得市场的竞争优势。

第二节　电梯安全性能检验的必要性

电梯安全性能的检验是对其设计质量及安全性的一种验证方法和手段。电梯的安全性检验是对电梯的一项或多项安全保护特性进行观察、测量、试验,以判断其安全保护装置的设置和功能的科学性、有效性、可靠性,尽量防止电梯的任何一种可能的失效给乘客和维护保养者带来伤害。

产品的安全性包含于质量特性中,只有保证了产品的所有质量特性,才能保证其安全性。电梯作为一种产品也不例外。电梯的安全性离不开其质量特性。

电梯的安全性能检验具有以下目的和意义。

一、把关作用

把关是安全性检验最基本的作用,电梯的型式试验目的就是防止安全性设计不合理,甚至不符合实际使用要求的电梯产品流入市场;监督检验目的是防止不满足安全性要求的电梯投入使用。安全性检验必须做到对安全保护性能进行 100％ 地验证。随着科学技术的发展,可以减少安全性检验的工作量,但安全性检验工作是不可取消和替代的。只有通过安全性检验,实行严谨科学的试验,才能保证电梯使用过程中的安全性和可靠性,将电梯运行的事故风险降到最低。

二、改进作用

充分发挥电梯安全性检验有利于提高电梯固有质量,是安全性能改进作用的具体体现。电梯安全性检验大纲的制定必须由具有一定设计、维护保养、安全性检验、事故处理、使用经验的人员参与。他们经常工作在第一线,更加了解电梯安全保护装置设置的科学性和合理性。电梯安全性能检验的机构和人员只有严格按照大纲的要求进行检验,才能发现设计的不足,这对进一步提高和改善电梯安全性具有积极的作用。

三、报告作用

报告作用也就是信息反馈作用,客观的信息是正确地评价和决策的依据。为了使各级管理者及时掌握电梯的安全状态,评价和分析电梯安全保护装置设置的有效性,电梯的安全性检验者必须把检验结果以报告的形式反馈给有关管理部门,以便做出正确的评价和决策,防止不满足安全性能要求的电梯给使用者带来伤害。

四、保护消费者和使用者

电梯的消费者和使用者不可能掌握电梯的质量性能,只能通过相应的认证标志和证书判定电梯产品是否满足使用要求。如果安全保护装置设计有缺陷的电梯产品流入市场,或者当在用电梯的安全性能退化,不能满足继续使用的要求却还在使用时,就可能给使用者造成伤害。

电梯的安全性能检验是确保电梯运行安全的必要手段和措施,只有进行科学的检验和验证,才能保证电梯在使用过程中的安全,尽可能地杜绝事故的发生。

第三节　电梯与建筑物

随着城镇化建设的发展,电梯已成为人们日常生活中不可缺少的楼宇交通工具。电梯的安全问题是人们关注的焦点,它对人们的生产、生活,乃至人身安全有着极大的影响。

电梯产品的质量在一定程度上取决于安装的质量,但安装质量又取决于建筑物的质量以及电梯与建筑物相融合的质量。电梯零部件分散安装在电梯的机房、井道四周的墙壁、各层站的层门洞周围、井道底坑等建筑物的各个部位。因此,不同规格参数的电梯产品,对拟安装电梯的机房、井道、各层站门洞、底坑等建筑物都有具体的要求。

电梯与建筑物的关系相对于一般机电设备要紧密得多。要使一部电梯具有比较满意的使用效果,除了制造质量和安装质量外,还需要按使用要求正确地选择电梯的类别、主要参数和规格尺寸,做好电梯产品的设计、井道建筑结构的设计以及它们之间的互相融合等。为统一和协调电梯产品与井道建筑之间的关系,国标 GB/T 7025.1~3 — 2008《电梯主参数及轿厢、井道、机房的型式与尺寸》分别对乘客电梯、住宅电梯、载货电梯、病床电梯、杂物电梯等的轿厢、井道、机房的型式与尺寸做出了相应的规定。

一、电梯与建筑物的有机融合

电梯的设计应该符合建筑物的要求,还是建筑物的设计要符合电梯的要求,这一问题一直有人在争论,但无论怎样,电梯的设计应与建筑物的设计有机地融合。

电梯是建筑物的配套设备。从这个意义上讲,电梯的设计应满足建筑物的设计要求。而建筑物的设计应该给拟装的电梯提供必要的空间和结构,并满足其特殊的要求。否则,两者就不能有机地融合,电梯的性能就不能得到很好的发挥。

建筑物在设计时就应该考虑拟装电梯的技术要求。在进行建筑物设计时,建筑物中用于电梯的机房和井道的设计应按照电梯生产厂家的技术要求进行设计。最好是在建筑物的图样确定前,能先确定拟采用的电梯规格型号,避免土建施工完成后,再选电梯型号,从而造成电梯与土建不匹配的问题。

二、住宅建筑设计存在的问题

住宅建筑物与电梯有机融合方面存在以下问题。

1. 建筑物未按照标准要求设计能容纳担架的电梯

GB 50096—2011《住宅设计规范》中规定:十二层及十二层以上的住宅,每栋楼设置电梯不应少于两台,其中应设置一台可容纳担架的电梯。

目前的现状是,有的高层住宅楼虽有多部电梯,但没有一台能容纳担架。这就是没考虑使用担架运送病人的需求。

2. 建筑物未按照标准要求将电梯的层站设计在公共走廊

GB 50096—2011《住宅设计规范》中规定:七层及七层以上住宅电梯应在设有户门和公共走廊的每层设站。

目前建筑设计不科学、不合理的现象有:电梯直接入户;电梯的厅门外无通往楼梯的走廊。这两种住宅建筑物的设计都给电梯困人时的救援带来很大的困难。建筑物平面图如图1-3-1所示。

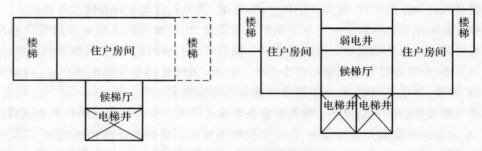

图 1-3-1　建筑物平面图

3. 建筑物的设计未考虑电梯导轨支架的安装位置

有的建筑物在电梯井道的设计中采用的是砖混结构,既没有预埋电梯导轨安装时所必需的钢结构件,也没有安装电梯导轨支架的水泥梁,这就使电梯的导轨不能与建筑物有机地融为一体。

4. 建筑物的设计未考虑电梯井道安全门的开口

在我国的 GB 7588—2003《电梯制造与安装安全规范》中规定:当相邻两层地坎之间距离超过 11 m 时,在其间井道壁上开设通往井道供援救乘客用的门。这样的要求是为了电梯停留在两层站之间时,可以顺利地将滞留于电梯轿厢中的人员救出。

建筑物在设计时,只考虑了建筑物功能的需要,没有考虑与电梯的融合:①有的建筑物中的电梯相邻地坎之间的距离超过了 11 m,而在井道的设计上缺少开设井道安全门的空洞和(或)位置;②采用单梯井道设计,即使并联的两部电梯也无法实施相互的对接救援。

5. 建筑物中缺少消防员电梯

GB 50016—2014《建筑设计防火规范》中规定,下列建筑应设置消防电梯:

（1）建筑高度大于 33 m 的住宅建筑。

（2）一类高层公共建筑和建筑高度大于 32 m 的二类高层公共建筑,5 层及以上且总建筑面积大于 3 000 m²（包括设置在其他建筑内 5 层及以上楼层）的老年人照料设施。

GB 50368 — 2005《住宅建筑规范》规定,12 层及 12 层以上的住宅都应设置消防电梯。

6. 到达机房的通道穿越私人房间

GB 50096—2011《住宅设计规范》规定:10 层以下住宅建筑的楼梯间宜通至屋顶,且不应穿越其他房间。通向平屋面的门应向屋面方向开启。

根据目前的建筑设计,电梯的机房大都是设计在屋顶,而进入楼层屋顶时的通道不畅,需要经过私人房间。这就给电梯的维护、紧急救援带来不必要的麻烦。

7. 机房设计不科学

一般来讲,电梯的轿厢应该在曳引轮的一侧,而有的机房在电梯安装时,电梯的曳引机只有转换 180°才能安装,这样电梯的轿厢就在导向轮的一侧,导致电梯的上行操作按钮都要换向。

总之,只有实现建筑物的设计与电梯安装的技术要求有机融合,才能保证电梯正常使用的安全性要求。

三、电梯选型存在的问题

1. 拟安装的电梯性能已落后

由于电梯产业的快速发展,有可能在建筑物建设完成后,事先选定拟安装的电梯已过时,这就需要改变拟选用电梯的规格型号,这也是当前遇见比较多的一种现象。换型会造成电梯的井道、机房以及井道预留孔不符合改选电梯的标准井道和机房设计图样的要求。这就要求:①改选电梯的规格尺寸必须接近原定的电梯型号;②电梯制造厂家必须按照已建设完成的土建图对电梯的井道、机房重新出具安装设计图样和技术文件。这样才能确保电梯与建筑物的良好匹配。

2. 消防电梯与普通电梯概念混淆

GB 50016—2014《建筑设计防火规范》中规定,符合消防电梯要求的客梯或货梯可兼作消防电梯。但是,现在有的高度大于 33 m 的住宅建筑并没有安装消防电梯,只是安装了具有消防返回功能的电梯,或者电梯具有消防功能。这些电梯的性能与消防电梯的性能相差甚远,如防水、防火性能,消防员自救逃生功能,底坑无排水系统等。

四、实地勘察存在的问题

大部分电梯企业在投标时由于未对建筑物的现场进行实地考察,或在电梯安装前未对建筑物的结构进行认真测量,从而可能导致以下问题的发生:

（1）电梯底坑下方有人可进入的空间而未采取措施。有的建筑物在电梯井道的下方有人可进入的空间。在电梯投标甚至电梯安装前未进行现场实地考察,当电梯安装完成后检验时才发现底坑下方存在着有人可进入的空间或车辆通道。

出现这种情况,可以在建筑上采取避免人员通行的措施。当建筑不允许采取措施时,只有在电梯上采取对重安全钳的措施解决,如在对重下方加实心墩,或在电梯对重上加安全钳来解决。而在选购时,恰恰因为没有考虑这些问题,致使在电梯安装完成后才发现底坑悬空,不符合要求。

(2)电梯的顶层高度不满足要求。有的电梯企业在投标时,由于未对现场进行勘查,随意应标电梯的额定速度,或者增加电梯的轿厢高度,从而造成了电梯轿顶上方的空间距离不能满足要求。

第四节 产品标准与产品安全性

随着人们对产品标准认识的提高,设计者乃至消费者认为产品只要符合其相应的标准,该产品的质量就没有问题,使用时安全性就可以保障。然而,标准既有制定时的局限性,也有对其理解上的差异,还有其滞后科技发展的特点。

为此,本节主要介绍产品标准与安全性的关系。

一、电梯国家标准制定时的影响因素

制定产品国家标准是为了明示产品的质量要求,对于隐含的质量(或约定俗成的质量)要求有的就没有予以明示。在制定国家产品标准时,一方面要注重其前瞻性,另一方面也要考虑国家工业技术的水平。

1. 等同采用国际标准没有与中国的实际相结合

在我国,电梯行业的起步和发展曾滞后于世界一些国家,目前的电梯企业大都是由合资、技术合作、引进技术而形成的。因此,我国许多电梯方面的国标都是等同采用欧洲标准,如GB 7588,GB 16899等,而这些标准在等同采用的同时却忽视了我国的国情。

例如,自动扶梯和自动人行道,我国人口众多,其承运能力就与欧洲国家有很大的差别。加之自动扶梯和自动人行道在我国都是使用在人流密集的商场、车站、机场等场所,标准中只是对公共交通型自动扶梯和自动人行道有个定义,而在选用和安装自动扶梯和自动人行道方面,并没有进行人流量及工作时间的预计和实际计算,因此公共场所的自动扶梯与自动人行道都选用的是普通型,无论在使用寿命还是使用安全性上都有一定的风险。

2. 标准的制定前瞻性受限

我国电梯标准的起草者都是以生产厂家为主导,厂家为了维护自己的利益,在起草时只是根据自己企业的现状而制定,前瞻性较差。特别是在安全性问题上的表述和解释较含糊。

例如,GB 7588—2003中对轿厢防止意外移动的要求。增加此条的目的就是防止由于制动器的制动力矩不足和控制系统失控而导致事故的发生。标准中只提出对制动力矩应有自检测功能,可以不需要其他的结构予以保证,而并未写出制动力矩检测的定量要求。

3. 对标准理解的歧义

对国家标准的理解不能有二义性,有些标准表述很准确,但在执行上还是有很多分歧。

例如,GB 7588—2003中对于"限速器或者其他装置上应当设有在轿厢上行或者下行速度达到限速器动作速度之前动作的电气安全装置,以及验证限速器复位状态的电气安全装置"的要求,有的限速器不能满足此要求,但是,全国电梯标准化技术委员会的"GB7588第024号标准解释单"和特种设备安全技术委员会意见是："此类限速器的制造商应在产品使用说明书中将限速器的复位步骤告知用户,如果在用电梯限速器的使用说明书中还没有复位操作说明内容的,应予以补充完善。如用户、维护保养单位及检验单位需要这类限速器复位操作的明示说明,限速器制造商应免费提供。"这种明显的设计缺陷,却要在使用环节予以保证,给不熟悉的维护保养者和使用者带来安全隐患。

标准的制定和解释应该由与制造企业无任何利益关系的国家第三方技术机构进行主导制定,并对执行过程中的问题进行释义。只有这样才能使国家标准具有一定的前瞻性、科学性,防止执行的二义性。

二、标准总是落后于科技发展

当今科技的发展突飞猛进,标准的修订需要时间,而科学技术的发展既有连续性,也有跨跃性。即使在制定标准时具有一定的前瞻性,也无法避免标准落后于科技的发展,落后于新研发的产品。例如,我国的电梯标准中就没有对曳引钢带、曳引尼龙绳的性能要求。

三、符合国家标准不一定就能保证使用安全性

社会在发展,人们的认识也在不断提高,对标准的理解也在不断地深入。有的厂家为了降低成本,在执行标准时打擦边球,甚至明知产品存在安全隐患,还以"标准没有相应的规定"为由进行辩解。如,侧置式对重的电梯轿厢后侧距井道壁的距离,这一问题在其他章节有详细阐述,在此不做赘述。

第五节　电梯安全性设计的特点

电梯的安全性设计有其特点,它不同于一般的机电类产品。以乘客电梯为例,其工作时起制动频繁、无人操作,乘客被困后无法进行自救,也不允许进行自救(消防员电梯的消防员自救除外)。因此,电梯的安全性设计要求比其他的机电类产品都要高,这是电梯在安全性设计方面固有的特点。

一、多重安全保护

为了确保乘客的安全,电梯的安全保护大部分都是采用双重保护或多重保护。

(1)电梯的双重安全保护不同于一般机电类设备的冗余设计。一般机电类设备冗余设计是指为增加系统正常运行的可靠性,而采取两套或两套以上相同或者相对独立配置的设计。当其中一套系统出现故障时,另一套系统能立即启动,投入工作。

双重安全保护也称为安全冗余,指通过多重备份来增加系统的安全性,电梯中的双重保护设置属于电梯安全性冗余,是保障乘客安全的重要举措。电梯的冗余性安全理论,就是基于保障乘客安全的实际出发而制定的双重甚至多重保护措施,以达到预防事故发生的一种安全理念。如,GB 7588—2003中规定,电梯的制动器必须分两组设置等。

(2)电梯的双重保护有的是电气和机械双重保护或者多重保护。如超速保护装置,从工作时序上有:限速器电气开关、限速器机械动作、安全钳电气开关、安全钳机械夹持导轨、缓冲器电气开关、缓冲器等六重保护。

（3）电梯的保护都是先断主机电源使电梯停止运行，在切断主机电源无果的情况下，机械保护装置再动作。

（4）机械的安全保护功能复位必须设置电气验证装置。如限速器的复位，门锁的啮合，制动器的松闸等。

（5）对正在进行维护、修理和救援的人员设置优先的断电保护。如电源主开关应能锁住。

二、安全触点

安全触点的动作，应由断路装置将其可靠地断开，甚至两触点熔接在一起也应断开，如图1-5-1所示。

安全触点的设计应尽可能减小由于部件故障而引起的短路危险。

当所有触点的断开元件处于断开位置且在有效行程内时，动触点和施加驱动力的驱动机构之间无弹性元件（例如弹簧）施加作用力，即为触点获得了可靠的断开。

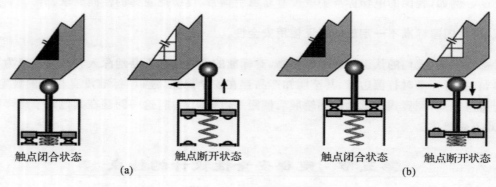

触点闭合状态　　　触点断开状态　　　触点闭合状态　　　触点断开状态

　　　　　　(a)　　　　　　　　　　　　　　　　　(b)

图1-5-1　触点示意图

(a)非安全触点示意图；(b)安全触点示意图

图1-5-1(a)为非安全触点，当弹簧失效时，其触点就不能断开；图1-5-1(b)为安全触点，当触点出现粘连或弹簧失效时，其触点在外力的作用下也能被彻底断开。

三、故障锁定

在电梯运行中对继续运行可能给乘客带来伤害的故障必须采用故障锁定进行安全保护，只有在故障锁定被手动复位之后，电梯才能重新启动。

在手动复位前，应查明电梯停止运行的原因，再采取必要的纠正措施，并经过措施验证有效后，才能手动复位消除故障。

故障锁定后，无论电源失电或电源恢复，故障锁定应始终保持有效。

常见的故障锁定方式有以下几种：

（1）机械式。限速器机械动作，或验证复位的开关。

（2）电气式。通过电路或软件实现锁定。

（3）机电式。通过非自动复位的开关锁定。

故障锁定的概念是在自动扶梯与自动人行道中提出的，而实际上在乘客电梯中也有故障锁定的功能要求，只是没有明确的这一概念。

四、信号采样点

触发安全保护装置的信号采样点选取得科学和合理是确保电梯运行安全保护的关键。若信号采样点的选取不合理，即使再灵敏的传感器和控制系统也不能实现电梯运行的安全保护装置的有效性。

信号采样点要能反映被测对象的真实情况，采样点应直接取自反映实际运行部位的信号作为采样点。采样点的信号动作开关应是安全触电，最好有故障锁定功能。

五、电气安全保护与机械安全保护动作顺序

一般情况下，电气与机械双重保护的顺序是先电气保护动作，再机械保护动作。也就是，当电梯出现异常运行时，电气先动作切断动力系统或者控制系统的电源，若电梯仍在继续运行，再由机械动作实施保护。

在特殊情况下，电气安全保护装置也可以和机械保护装置同时动作。如，标准要求，在轿厢上行或下行的速度达到限速器动作速度之前，限速器或其他装置上应有一个符合规定的电气安全装置能使电梯驱动主机停止运转。但是，对于额定速度不大于 1 m/s 的电梯，电气安全装置最迟可在限速器达到其动作速度时起作用。

第二章　电梯的可靠性和维修性设计改进

可靠性和维修性是不可割裂的两个概念。在产品的设计中,可靠性和维修性已得到设计师们的高度重视,由于其有比较强的专业性,加之这方面的设计人才比较缺少,特别是在电梯设计和试验验证行业这方面的人才更是匮乏,从而造成了电梯在可靠性和维修性设计以及试验验证方面存在很多的不足。

鉴于介绍可靠性和维修性方面的书籍已经很多,本章仅就可靠性和维修性在电梯安全性设计和试验验证方面存在的不足进行简单阐述。

第一节　电梯的可靠性设计与试验

国家的相关电梯制造标准中对电梯的可靠性有明确的规定和试验方法。本节主要介绍电梯在可靠性设计方面存在的问题。

一、可靠性的基本概念

产品、系统在规定的条件下、规定的时间内,完成规定功能的能力称为可靠性。可靠性指标常用的衡量形式有以下几种:

(1)平均无故障工作时间。这种衡量形式一般是用于电气设备,如电梯的控制柜。

(2)平均无故障工作次数。这种衡量形式一般是用于以工作次数评价的设备,如电梯整机运行次数。

(3)平均无故障行驶里程。这种衡量形式一般是用于车辆。

二、可靠性要求和试验的不足

GB/T 10058 — 2009《电梯技术条件》和 GB/T 10059 — 2009《电梯试验方法》两个标准对可靠性的指标要求及可靠性试验都有规定,然而,其规定存在以下不足。

1. 电梯产品的可靠性要求

根据 GB/T 10058 — 2009《电梯技术条件》和 GB/T 10059 — 2009《电梯试验方法》的要求,在一般情况下,电梯的产品发生故障的次数应服从指数分布。由此可知,电梯整机的平均无故障工作次数要求为不小于 12 000 次,控制柜的平均无故障工作次数要求为不小于30 000 次。

2. 整机可靠性要求及试验存在不足

(1)可靠性与维修性既有联系也有区别。整机可靠性试验时的故障次数不能以故障排除时间的长短进行规定,故障排除时间属于维修性的范畴。虽可靠性与维修性是不可分割的,但两者还是有一定的区别。

(2)控制柜的可靠性衡量指标应与整机可靠性衡量指标有别。在考核控制柜的可靠性时,可以单独考核也可以随整机进行考核。单独考核时,应以平均无故障工作时间来衡量。即使控制柜与电梯的整机同时进行可靠性试验,控制柜的可靠性衡量指标也应该用平均无故障工作时间来考核。

(3)可靠性试验方法不细致。

1)对可靠性试验时的电梯提升高度(或每次的运行时间)没有相应的规定。GB/T 10058 — 2009《电梯技术条件》只是对电梯的运行次数有 60 000 次的要求,但对电梯进行可靠性试验时的运行高度和停靠站次数没有规定。但实际上电梯运行的高度和停靠站次数与控制柜、曳引机的工作时间都有着直接的关系。

2)对负载试验的时机描述不清楚。GB/T 10058 — 2009《电梯技术条件》对电梯的负载运行有不少于 15 000 次的规定,但是,对 15 000 次在整机 60 000 次的可靠性试验中如何分配没有相应规定。

(4)可靠性试验考核是否充分有待商榷。

1)GB/T 10059 — 2009《电梯试验方法》规定 60 000 次的可靠性试验宜在 60 天内完成。以单台电梯每天考核 20 h 计算,在进行可靠性试验时,以最节约时间点的序贯试验方法进行,电梯至少要无故障运行 60 000 次才符合要求。那么,以电梯 50 次/h 来计算,加上电梯的开关门时间,也就是要求电梯不到 1 min 就要运行一次。

为了减少可靠性试验的时间,电梯的可靠性试验可以用两台或以上电梯进行可靠性试验,但是其可靠性试验的计算方法有些区别。电梯的寿命服从指数分布,按指数分布进行计算。

2)在电梯的型式试验中,可靠性试验由厂家完成,向型式试验机构提供试验数据和录像,这种考核方式的真实性往往难以保证。

3)标准中对在电梯进行可靠性试验时,出现故障排除时间超过 1 h 的情况应当如何处理没有相应的规定。

(5)对可靠性的起始时间点没有规定。电梯的故障服从浴盆曲线,可靠性试验应避免在电梯故障的高发期进行。也就是说,对于新研发或新安装的电梯在进行可靠性试验时,要剔除早期故障出现的阶段。根据 GB 50310 — 2002《电梯工程施工质量验收规范》的推算,这个阶段的运行次数在空载、额定载荷工况下至少为 2 000 次。

(6)没有对可靠性考核的置信度做出规定。在进行可靠性试验时,不同的置信度其可靠性的时间是不一样的,置信度越高则试验时间越长。

三、可靠性试验

可靠性指标是产品主要的质量指标之一。可靠性试验考核是验证可靠性指标的主要方法。可靠性试验的科学性、充分性是产品使用可靠性的基础和前提。可靠性试验是一项耗时长、费用高的验证试验。

国家标准对可靠性的要求及其试验方法有多种,一般情况下,可靠性试验较多采用的是定时结尾的试验方法。

第二节　电梯的维修性设计

电梯的维修性与可靠性是息息相关的,无论是可靠性还是维修性都是设计出来的。可靠性不高或者寿命短的零部件,一定要便于维修或更换,需要维护保养次数多的部位要具有良好的可达性。

本节主要就电梯的维修性设计进行阐述。

一、电梯的维修性概念

维修性是指产品在规定的条件下和规定的维修时间内,按规定的程序和方法进行维修时,保持或恢复其规定状态的能力。维修性是由产品设计决定的,使其维修简便、迅速、经济的质量特性。维修性中的"维修"包含修复性修理和预防性维修等内容。

电梯的维修性设计除了应满足一般产品维修性设计所要求的规定以外,还有其特殊性,即电梯产品不能简单地以其恢复规定状态的能力来衡量,而应该类似飞机、高铁等产品一样以预防维修为主,使其保持在良好的状态,确保在使用中不出现故障,特别是造成人员伤害的故障为主要要求。

二、预防维修与日常维护保养

预防性维修是通过对产品的系统性检查、设备测试和更换以防止功能发生故障,使其保持在规定状态来进行全部活动,包括调整、润滑、定期检查等。

预防性维修的目的是降低产品失效的概率或防止功能退化。它按预定的时间间隔或按规定的准则实施维修,通常包括保养、操作人员监控、使用检查、功能检测、定时拆修和定时报废等工作类型。

凡是从事电梯行业的人士都认为,电梯的日常维护保养工作是保证其安全运行的关键因素之一。从维修性概念和理论上讲,电梯的日常维护保养就是电梯产品的预防维修的一项主要内容,但是在电梯的设计中,并没有很好地将预防维修的设计贯穿于电梯的整机设计上。

三、目前电梯日常维护保养的不足

目前,我国的电梯日常维护保养工作是根据国家制定的安全技术规范进行的,所有的电梯都是按照也必须按照安全技术规范规定的项目、周期和要求进行,但在实际应用中存在以下不足。

(1)在维护保养项目和要求上,针对性不强。由于不同规格、型号的电梯在设计上的可靠性是不一样的,甚至有的部件是免维护设计的,因此,在电梯的日常维护保养中就存在着保养不到位和过维护保养的现象。

(2)在维护保养的时间频次上,针对性不强。由于不同场合的电梯使用的频次不同,其维护保养的频次应该是不一样的,因此,在电梯的日常维护保养中同样存在保养不到位和过维护保养的现象。

(3)在维护保养项目和要求上,操作性不强。由于不同规格、型号的电梯在设计上有所不同,因此,对其维护保养的要求也应该是不一样的。安全技术规范没有,也不可能给出具体的维护保养的要求。如,对制动器的维护保养要求规定应按照制造厂家的要求进行,而电梯整机厂又把要求推到制动器的制造厂家,且电梯的出厂资料中也未给出制动器维护保养的方法和要求。这样在日常维护保养中就无法对制动器进行合理的维护。

四、电梯在预防维修性设计中存在的不足

目前,电梯的维修性设计存在以下不足:

(1)缺少预防维修的设计。目前,在电梯的标准和规范中没有对电梯的预防维修做出相应的规定,致使其在电梯的设计和检验考核中都被忽视。

(2)功能性验证要求不明确。在现有的维护保养安全技术规范中,很多维护保养项目未明确维护保养应该达到的定量要求。

(3)润滑油脂(液)不明确。润滑油脂是根据不同使用环境来确定的,相同的润滑脂因使用环境的不同,其维护保养周期也不同。特别是对结构相同的液压缓冲器,所使用的液压介质不同,其缓冲性能也就不同。

(4)缺少专用工具。对于需要专用工具才能拆卸的部件、润滑设备、救援设备等,没有研发或配备专用的工具。

第三节　电梯的预防维修设计

预防维修设计是设计输出文件之一,是电梯针对性维护保养的技术文件和准备维修资源的依据。其目的如下:

(1)通过确定实用而有效的预防维修工作,以最少的资源消耗保持和恢复电梯安全性和可靠性固有水平。

(2)可以提供设计改进所需的信息。

(3)防止恶性事故的发生。

一、电梯的维护保养

电梯的维护保养,一方面是指对电梯的日常维护,使其少发生故障,甚至不发生故障。另一方面是指当电梯发生故障后能在最短的时间内得到修复,使其恢复到特定的功能,完成其特定的任务。

电梯维保的重点在维护保养上,而不是在修理上。通过日常的维护保养,使电梯不发生故障或少发生故障才是其目的,而对电梯发生故障后的修理处理过程是对日常维护缺陷的一种弥补或补救。

日常维护保养的项目和要求是设计出来的。目前,我国对电梯要求的强制性的维护保养项目和时间周期是一种不得已而为之的解决办法,也可以说,是一种补救措施或称其为一种过渡办法。真正的维护保养项目和周期应该是在设计阶段就完成的一项工作,也是指导电梯日常维护保养和使用的文件。

二、预防维修设计的时机已经成熟

目前,开展电梯预防维修设计的时机已经成熟。电梯在我国大量使用已有多年,如今我国

也是电梯拥有量和生产量的大国。电梯日常维护保养数据充足,有这些数据的支撑,实现电梯预防维修设计的基础已经奠定。

预防维修设计在我国其他行业,如军工产品、飞机、高铁、地铁、电力产品的设计中已得到了广泛的应用。这些经验可供电梯的预防维修设计借鉴。

三、预防维修设计步骤及要求

预防维修设计要以可靠性为中心开展,预防维修应及早考虑,在电梯研发初期应提出减少或便于预防性维修的设计要求,确定预防维修间隔期,预防维修设计应与电梯的研发工作同时进行,也就是,将电梯的预防维修设计融入电梯的设计之中。其工作步骤和要求如下。

1. 信息收集

在进行预防维修设计时,尽可能收集以下信息:

(1)拟开发电梯的概况,如结构、功能、冗余等。

(2)产品故障信息,如电梯的功能故障模式、故障原因和故障影响,电梯可靠性与使用时间的关系,预计故障率,潜在故障判断,由潜在故障发展到功能故障的时间,功能故障或潜在故障可能的检测方法。

(3)电梯的维修保养信息,如维修方法和所需的人力、设备、工具、备件等。

(4)费用信息,包括预防维修研制费用、预防维修和修复性维修的费用,维修所需的设备开发和维修费用。

(5)与之类似的电梯的信息。

2. 分析步骤与方法

(1)确定重要功能部件。重要功能部件的选择通常从系统级开始,自上而下进行,直到某一层部件(零件)的故障后果不严重为止。重要功能部件是指其故障符合下列条件之一的零部件:

1)可能影响安全;

2)可能影响任务完成;

3)可能导致大的经济损失;

4)隐蔽功能故障与另一有关功能的综合可能导致上述一项或多项影响;

5)可能引起从属故障导致上述一项或多项影响。

(2)进行故障模式和影响分析。对每个重要功能部件进行故障模式和影响分析,分析时应考虑其所有的功能和所有可能的故障。

(3)确定预防维修工作类型。预防维修工作类型按照所进行的预防维修的内容及其时机控制原则划分,各类型的预防维修工作包括一种或多种基本维修作业。预防维修工作类型可分为以下几种。

1)保养。为保持电梯固有设计性能而进行的清洁、润滑、检查、紧固、调整等作业,但不包括功能检测和使用检查等工作。

2)作业人员监控。操作人员在正常使用电梯时对其状态进行的监控,其目的在于发现电梯的潜在故障。包括:对电梯所做的使用前检查;对电梯仪表的监控;通过感觉辨认异常现象或潜在故障,如通过气味、振动、温度、声音、视觉、操作力的改变等及时发现异常现象及潜在故障。

3）使用检查（日常巡检）。按规定或计划进行的定性检查（或观察），以确定电梯能否执行规定功能，其目的在于发现隐蔽功能故障。

4）功能检测（日常保养）。按计划或规定进行的定量检查，以确定电梯功能参数是否在规定限度内，其目的在于发现潜在故障。

5）定时拆修。电梯整机或零部件使用到规定的时间（或次数）予以拆修，使其恢复到规定的状态。

6）定时报废。电梯整机或零部件使用到规定的时间予以废弃。

7）综合工作。实施两种或多种类型的预防维修工作。

（4）逻辑决断图。逻辑决断图的分析目的是确定故障影响，选择维修工作类型。

（5）暂时确定预防维修项目及类型。根据目前电梯维护保养信息，确定适用的和有效的预防性维修工作类型。

（6）各种预防性维修工作类型的适用性。各种预防性维修工作类型的适用性主要取决于电梯的故障特性，其适用的条件如下。

1）保养：①工作必须是该电梯设计所要求的；②必须能降低电梯功能的退化速率。

2）操作人员监控：①电梯功能退化必须是可探测的；②电梯必须存在一个可定义的潜在故障状态；③电梯从潜在故障发展到功能故障必须经历一定的可以预测的时间；④必须是作业人员正常工作的组成部分。

3）功能检测：①电梯功能退化必须是可测的；②电梯必须存在一个可定义的潜在故障；③电梯从潜在故障发展到功能故障必须经历一定的可以预测的时间。

4）定时拆修：①电梯必须有可确定的耗损期；②电梯工作到该耗损期有较大的残存概率；③必须有可能将电梯修复到规定状态。

5）定时报废：①电梯必须有可确定的耗损期；②电梯工作到该耗损期有较大的残存概率。

6）使用检查：电梯使用状态良好与否必须是能够确定的。

7）综合工作：所综合的预防性维修工作类型必须都是适用的。

（7）对于预防性维修工作决断的处理。若分析后，没有找到适用的和有效的维修工作类型以预防电梯故障的发生，则：

1）有安全性影响的电梯必须更改设计；

2）有任务性影响的电梯必要时应更改设计。若电梯有多种功能，一个故障即使不影响其全部功能或影响的程度不同，也必须按电梯的全部功能和任务要求考虑更改设计问题；

3）只有经济性影响的电梯应从经济角度权衡是否需要更改设计。

若不更改电梯设计，则对该电梯不进行预防性维修。

（8）确定预防性维修工作的间隔期。确定预防性维修工作的间隔期可参照类似电梯的经验及新电梯的试验（可靠性、寿命试验等）数据。

四、预防维修手册

预防维修设计的最终结果是编制出预防维修手册。其内容应包括以下几个方面：

（1）需进行预防维修项目；

（2）预防维修工作的间隔期；

（3）预防维修工作的类型及其简要说明；

（4）实施预防维修工作的维修级别。

电梯预防维修手册的一般内容如下：

（1）例行检查要求。含日常巡检和例行维护保养要求。

（2）预防维修项目名称、预防维修工作说明（包括：工作类型、所需工具及仪器设备等）、维修间隔期等。

（3）检查间隔期，检查工作说明，检查项目等。

第三章　曳引式电梯安全性分析与设计改进

曳引式电梯是现代化办公大楼、住宅、医院、企业、仓库以及码头、船舶等场所需要的一种重要的、数量繁多的运输设备。它是一种要求安全、舒适、便捷的垂直运输交通工具。它与人们的生活、工作息息相关。因此,其运行的安全性也越来越受到全社会的高度关注。保证电梯固有质量是其安全运行的关键和前提。

本章对曳引式电梯固有安全性进行分析,并提出设计改进的设想和措施。

第一节　电机静功率

曳引电动机是曳引电梯的动力源,是电梯的核心组成部分,其功率直接决定了电梯使用寿命和能耗。若曳引机的功率选择过小,会出现小马拉大车的现象,造成电机的发热量大,使其寿命降低;若曳引机的功率选择过大,会出现大马拉小车的现象,造成能耗的浪费。因此,对曳引机静功率的计算和校核十分重要。

关于曳引电梯电动机静功率的计算方法,很多书籍上都有:①各资料介绍不一致,主要是公式中有的有钢丝绳绕的绳倍率,有的则没有;②没有考虑在特殊情况下工作的电梯。国家标准规定了电梯的平衡系数应在 0.45~0.5 之间,而对于经常处于满载状态下工作的电梯,其平衡系数一般取在 0.5~0.55 之间。资料中介绍的静功率计算公式仅适用于平衡系数小于 0.5 的情况,而不适用于平衡系数大于 0.5 的情况。

一、符号说明

$P_满$——满载时曳引机静功率(kW);

$P_空$——空载时曳引机静功率(kW);

P——曳引机静功率(kW);

V——电梯额定速度(m/s);

P_1——轿厢侧的曳引绳载荷(kg);

G——轿厢自重(kg);

Q——额定载重量(kg);

P_2——对重侧的曳引绳载荷(kg);

W——对重重量(kg);

i——曳引绳绕绳倍率(曳引比);

η——机械效率;

K——平衡系数；

g_n——重力加速度（取 $g_n=9.8\ \mathrm{m/s^2}$）。

二、曳引电动机静功率计算公式推导的思路和依据

假设电梯是匀速运动的机电设备，根据功率相等原理，就有电梯运行所需要的功率等于电机必须输出的功率。

三、曳引电动机功率推导过程

电梯曳引系统受力的原理图如图 3-1-1 所示。当电梯满载时，作用在轿厢侧曳引绳上的载荷为 $P_1=(G+Q)$，作用在对重侧曳引绳上的载荷为 P_2。当电梯空载时，作用在轿厢侧曳引绳上的载荷为 $P_1=G$，作用在对重侧曳引绳上的载荷为 P_2。

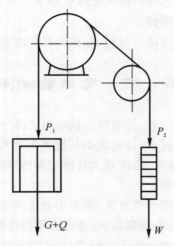

图 3-1-1　曳引系统受力图

1. 满载时电机静功率公式推导

当电梯满载时，作用在轿厢侧曳引绳上的载荷为 $P_1=(G+Q)$，作用在对重侧曳引绳上的载荷为 P_2。

轿厢和对重运行时所需要消耗的功率为

$$P_{满}=FV=(G+Q-W)V \tag{3-1}$$

根据平衡系数公式：

$$W=G+KQ \tag{3-2}$$

将公式（3-2）代入公式（3-1），得

$$P_{满}=(1-K)QV \tag{3-3}$$

当考虑电梯曳引绳倍率和机械传动效率时，公式（3-3）变为

$$P_{满}=\frac{(1-K)QV}{\eta i}(\mathrm{kg\cdot m}) \tag{3-4}$$

将公式（3-4）进行量纲变换，得

$$P_{满} = \frac{(1-K)QV}{\eta i}(\text{kg}\cdot\text{m}) = \frac{(1-K)QVg_n}{1\,000\eta i}(\text{kN}\cdot\text{m}) \approx \frac{(1-K)QV}{102\eta i}(\text{kN}\cdot\text{m})$$

$$(3-5)$$

因此，当电梯满载且平衡系数小于 0.5 时，电梯上行所需要的功率最大。此时曳引机静功率的校核，应按公式(3-5)进行。

2. 空载时电机静功率公式推导

当电梯空载时，作用在轿厢侧曳引绳上的载荷为 $P_1=G$，作用在对重侧曳引绳上的载荷为 P_2。经过推导(推导过程略)，有

$$P_{空} = \frac{KQV}{\eta i}(\text{kg}\cdot\text{m}) = \frac{KQVg_n}{1\,000\eta i}(\text{kN}\cdot\text{m}) \approx \frac{KQV}{102\eta i}(\text{kN}\cdot\text{m})$$

$$(3-6)$$

因此，当平衡系数大于 0.5，电梯空载下行时，所需要的功率最大。此时曳引机静功率的校核，应按公式(3-6)进行。

3. 讨论

(1) 当平衡系数 $K=0.5$ 时，公式(3-5)与公式(3-6)计算结果相等。

(2) 当平衡系数 $K<0.5$ 时，这种情况比较多，经常见于乘客电梯、医用电梯，此时，轿厢满载上行时消耗的功率最大。因此，应采用公式(3-5)进行曳引机静功率计算。

(3) 当平衡系数 $K>0.5$ 时，这种情况经常见于满载工作的货梯，此时，空载轿厢下行时的功率消耗最大。若用公式(3-5)计算进行选择曳引机，就可能出现小马拉大车的现象，因此，应采用公式(3-6)进行计算曳引机静功率。

经过数学推导，可将公式(3-5)和公式(3-6)合并为

$$P = \frac{(0.5+|0.5-K|)QV}{102\eta i}(\text{kW})$$

$$(3-7)$$

公式(3-7)为适用于各种工况的曳引机静功率计算的经验公式。

第二节　盘车手轮力

盘车手轮力的大小直接影响到紧急救援的快慢，与盘车手轮的直径大小相关，也关系着手动紧急救援是否采用省力结构，关系着是否需要采用紧急电动运行，等等。

本章就盘车手轮力的计算进行推导。

一、符号说明

M —— 手轮所产生的力矩($\text{N}\cdot\text{m}$)；

F —— 手轮力(N)；

$D_{手}$ —— 手轮直径(m)；

$M_{轮}$ —— 传递到曳引轮处所产生的扭矩($\text{N}\cdot\text{m}$)；

i —— 减速比(传动比)；

η —— 传动效率；

$W_{对}$ —— 对重质量(kg)；

G —— 轿厢自重(kg)；

K—— 平衡系数；

Q—— 额定载重量(kg)；

$D_轮$—— 曳引轮直径(m)；

r—— 曳引比(钢丝绳倍率)；

g_n—— 重力加速度(取 9.8 m/s^2)。

二、空载盘车手轮力推导

1. 公式推导的基本理论

根据扭矩相等的原理,在任何情况下的扭矩相等。

2. 盘车手轮

盘车手轮所产生的扭矩为

$$M = F \times \frac{1}{2}D_手 \tag{3-8}$$

手轮传递到曳引轮上的扭矩为(与减速比的关系)

$$M_轮 = Mi\eta = F \times \frac{1}{2}D_手\, i\eta \tag{3-9}$$

3. 曳引轮

曳引轮处提升对重所产生的扭矩为

$$M_轮 = F \times \frac{1}{2}D_轮 = (W - G) \times \frac{1}{2}D_轮 = KQ \times \frac{1}{2}D_轮 \tag{3-10}$$

式中,

$$W = G + KQ \tag{3-11}$$

考虑曳引比(钢丝绳倍率)后曳引轮处的扭矩为

$$M'_轮 = KQ \times \frac{1}{2}D_轮\, /r \tag{3-12}$$

4. 空载时盘车手轮力推导

根据扭矩相等,有

$$M_轮 = M'_轮 \tag{3-13}$$

即

$$F \times \frac{1}{2}D_手 i\eta = KQ \times \frac{1}{2}D_轮/r$$

进行量纲转换,则有

$$F = \frac{KQD_轮}{r\eta i D_手}(\text{kg}) = \frac{KQD_轮 g_n}{r\eta i D_手}(\text{N}) \tag{3-14}$$

三、满载时盘车手轮力推导

满载时手轮力的推导过程与空载时手轮力的推导过程基本一致,推导过程在此省略。满载时的盘车手轮力计算公式如下:

$$F = \frac{(1-K)QD_轮}{r\eta i D_手}(\text{kg}) = \frac{(1-K)QD_轮 g_n}{r\eta i D_手}(\text{N})$$

以上推导出手轮力的计算公式,一是为了确定是否采用紧急电动运行装置,二是为盘车手轮直径的选取提供依据。

第三节 制 动 器

制动器是电梯安全运行不可缺少的安全装置。当轿厢载有 125% 额定载荷并以额定速度向下运行时,制动器动作应能使曳引机停止运转。同时,轿厢减速度不应超过安全钳动作或者轿厢撞击缓冲器所产生的减速度。这就要求制动器的制动力矩要足够大,确保电梯制停,但又不能使减速度大于 $1g_n$,防止紧急制动时造成轿厢内人员的伤害。

一、制动器的分类

制动器按照功能分为工作制动器和安全制动器(又称紧急制动器)。电梯常见的制动器都是工作制动器,工作制动器作用在曳引机的高速轴上,这样制动时需要的制动力矩小,结构也小。安全制动器作用在曳引机的低速轴上,其制动力矩大。

若制动器直接作用在曳引轮上时,这种制动器就是安全制动器。若电梯采用的是 3 个以上的钳盘式制动器作用在曳引轮上,那么,这组制动器就是既有工作制动器功能,也有安全制动器功能。电梯使用的制动器都是常闭式制动器。

1. 工作制动器与安全制动器的工作时序

工作制动器与安全制动器的工作时序如图 3-3-1 所示。

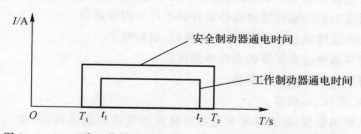

图 3-3-1 正常工作情况下工作制动器与安全制动器动作协调时间

电梯启动时,安全制动器先打开,工作制动器再打开。电梯制动时,工作制动器先动作闭合然后安全制动器再闭合,实现双制动。

当电梯在运行或静止中出现意外移动时,安全制动器先闭合,然后工作制动器再闭合;或者两个制动器同时闭合,实现制动。

当电梯采用钳盘式制动器作用在曳引轮上时,它既可作为工作制动器,又可作为安全制动器。制动器至少要有 3 组及以上,否则就没有安全制动器的功能。这种结构形式的多组制动器工作时序可以一致。

2. 工作制动器与安全制动器的作用

在正常情况下,工作制动器起作用即可,只有在意外情况下安全制动器才工作。也就是,安全制动器是为防止工作制动器失效而设置的。

GB 7588 — 2003 规定:所有参与向制动轮或盘施加制动力的制动器机械部件应分两组装

设。如果一组部件不起作用,应仍有足够的制动力使载有额定载荷以额定速度下行的轿厢减速下行。电磁线圈的铁芯被视为机械部件,而线圈则不是。

这里要求的制动器机械部件分两组装设并不是真正意义上的冗余设计,因为线圈有可能只有一个。因此,只有设置安全制动器才能称为制动器真正的冗余设计。对于防止轿厢的意外移动保护必须是将安全制动器作为执行元件才科学,因为,防止轿厢的意外移动的一个因素就是防止驱动主机失效,也就是防止制动器在失效或者传动轴断裂情况下发生轿厢的意外移动。

电梯增加安全制动器既可以防止工作制动器失效,又可用于轿厢超速或意外移动时使电梯减速或制停,这种装置包括但不限于那些在以下一个或多个部件上施加制动力的装置:

(1)轿厢导轨。

(2)对重导轨。

(3)悬挂绳或补偿绳。

(4)曳引轮。

(5)制动轮。

二、对工作制动器的要求及常见结构

1. 对电梯工作制动器的要求

对电梯工作制动器的要求如下:

(1)能够产生足够的制动力矩,且制动力矩大小与曳引机转向无关。

(2)制动时对曳引机的轴和减速箱的蜗杆轴不产生附加载荷。

(3)制动器动作速度快且平稳,能满足频繁启、制动要求。

(4)制动器的零部件应有足够的刚性和强度。

(5)制动衬有较高的耐磨性和耐热性。

(6)结构简单、紧凑、易调整。

(7)应有人工松闸装置,装有手动紧急操作装置的电梯驱动主机,应能用手松开制动器并需要以一持续力保持其松开状态。

(8)当电梯电源失电或控制电路失电时,制动器能自动制动。

(9)当轿厢载有 125% 额定载荷并以额定速度向下运行时,制动器应能使曳引机停止运转。

(10)制动器应是常闭式。

(11)所有参与向制动轮或盘施加制动力的制动器机械部件应分两组设置。如果一组部件不起作用,应仍有足够的制动力使载有额定载荷以额定速度下行的轿厢减速下行。

(12)切断制动器电流,至少应用两个独立的电气装置来实现,不论这些装置与用来切断电梯驱动主机电流的电气装置是否为一体。当电梯停止时,如果其中一个接触器的主触点未打开,最迟到下一次运行方向改变时,应防止电梯再运行。

(13)断开制动器的释放电路后,电梯应无附加延迟地被有效制动。

(14)制动器应设置松闸检测装置。

(15)禁止使用带式制动器。

2. 常见工作制动器的结构形式

目前,电梯常见的制动器结构形式有块式制动器和钳盘式制动器两种。采用钳盘式制动器时一般都采用2~3个钳盘式制动器。

3. 安全制动器的作用位置

(1)轿厢导轨。

(2)对重导轨。

(3)悬挂绳或补偿绳。

(4)曳引轮。

(5)制动轮,是指制动轮在曳引轮轴上的结构。

综上所述,安全制动器都是作用在距轿厢(或对重)最近的位置,也就是作用在低速轴上或导轨上的。

三、对标准要求的理解

如果对标准的理解有偏差,那么在执行上必然就不到位。制动器是电梯停止时的主要安全部件。GB 7588 — 2003 规定:所有参与向制动轮或盘施加制动力的制动器机械部件应分两组设置。如果一组部件不起作用,应仍有足够的制动力使载有额定载荷以额定速度下行的轿厢减速下行。电磁线圈的铁芯被视为机械部件,而线圈则不是。

按照 GB 7588 — 2003 的一号修改单的"注"中描述,符合以上要求的制动器认为是存在内部冗余。

从以上可以看出,制动器必须具有双重制动功能,而不是真正意义上的冗余设计。即电梯的制动器要求两组机械设置是必须的。

四、不科学的设计

随着人们认识的提高,对电梯的安全运行保护措施的设计也越来越科学、合理。就制动器而言,先是从单臂制动变为要求至少两组制动,其后不久,又增加了上行超速保护和防止轿厢意外移动的保护要求。当这两个要求出台后,很多电梯就用工作制动器兼做电梯上行超速保护的执行元件以及防止轿厢意外移动的执行元件,这是一种不科学且不合理的设计。

假如,对于有变速箱的电梯,制动器设置在高速轴上,当电梯的主传动轴断裂时,制动器是不能使电梯轿厢停止运行的,也不能防止停止状态的轿厢产生意外移动。只有设置安全制动器参与工作后,才能在这种情况下实现电梯停止运行,也能防止停止状态的轿厢发生意外移动。

五、改进建议

目前的电梯制动器机械部件的两组设置是最基本的要求。为了确保电梯的使用安全性,建议在此基础上,增加一套安全制动器,用工作制动器和安全制动器来共同实现上行超速保护和防止轿厢意外移动保护的功能。

若要使工作制动器与安全制动器兼容,且工作制动器有安全冗余,则需满足以下条件:

(1)工作制动器要作用于曳引轮、导轨或钢丝绳。

（2）工作制动器至少有 3 组或 3 组以上。

这样，两组制动器作为工作制动器，其余为安全制动器。当工作制动器都失效时，还有至少一组的制动器作为安全制动器，这样就能实现电梯的上行超速保护和防止轿厢意外移动的保护，从而有效地保证了电梯运行的安全。

第四节　制动器与曳引机动作协调时间

电梯制动的及时性和可靠性直接影响着乘坐人员的舒适性和安全性。制动器的制动力是电梯能否实现可靠制动的关键，还直接影响到乘坐人员的安全性，而制动器和电机动作时间的协调，则关系到电梯启制动的平稳性，影响到乘坐人员的舒适性。

一、制动器与曳引机动作协调时间对电梯的影响

电梯制动器都是采用的常闭式制动器，目的就是实现电梯的绝对安全。其工作方式是：在曳引机上电的同时，制动器打开；在曳引机断电同时，制动器制动。也就是，曳引机与制动器电磁线圈同时得电动作。从理论上分析，做到制动器和曳引机协调时间为零是可以实现的，但由于元器件工作的精度误差等因素，两者的协调时间不可能做到完全统一，总有时间差存在。

1. 制动器提前曳引机动作对电梯的影响

制动器提前曳引机动作会对电梯造成两方面的影响：①在电梯启动时，造成电梯提前开闸，在启动瞬间有溜（或反）车现象的出现。即当电梯由停止状态开始运行时，在制动器打开后，由于曳引机尚未得电或加电后曳引机产生的扭矩还未达到电梯的不平衡力矩，从而造成电梯向力矩大的方向运动，出现启动瞬间的溜车（或反车）。②当电梯停止时，会造成电梯提前抱闸，在停止瞬间有冲击存在。即当电梯由运动状态停止时，在制动器断电制动后，曳引机尚未断电，电梯还有运动的趋势或微小的运行，从而使曳引机产生堵转，电梯会出现冲击现象。

2. 制动器滞后曳引机动作对电梯的影响

制动器滞后曳引机动作会对电梯造成两方面的影响：①在电梯启动时，当曳引机上电后，制动器尚未打开，使曳引机出现堵转现象，电机温升大，电梯启动加速度大，影响到乘坐人员的舒适性。②在电梯停止时，当曳引机断电后，制动器还未断电，造成电梯溜梯或有溜梯的趋势。同时，也会产生冲击，甚至影响到平层准确度。

总之，无论是制动器提前还是滞后曳引机动作，都会造成制动片的磨损加快，影响制动器的寿命，如果维护保养不及时或不到位，就埋下了事故隐患。同时电梯都会产生一定的冲击，影响乘坐人员的舒适性。

二、制动器与曳引机的动作协调时间

对于电梯来讲，实现零速抱闸是最好的状态，也是最理想的要求，但要做到这个要求是很困难的，大多数情况下是无法实现的。因此，在制动器与曳引机动作协调上总是存在着一定的时间差。

1. 电梯启动时，制动器滞后曳引机通电

有的电梯在启动时，反车现象很明显，出现这种现象的原因是当制动器打开时，曳引机还

不具备得电运行的趋势。要保证电梯启动开始运行时的安全性,就必须是在确保曳引机得电并有运动趋势时,再打开制动器。这样就能使电梯启动平稳,没有溜车(或反车)现象。在制动器和曳引机不能完全同步的情况下,就要使制动器的开闸时间略滞后于曳引机上电的时间。为了排除元器件由于温度变化等因素带来的影响,一般取制动器滞后于曳引机 t ms(即 $t = t_3 - t_1$,其大小由系统本身决定),这样就可保证电梯启动时不会出现瞬时溜车(或反车),做到启动平稳。启动时制动器与曳引机的时间差,如图 3-4-1 所示。

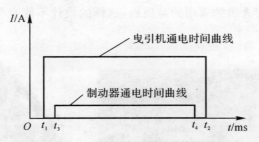

图 3-4-1　制动器与曳引机协调时间

t_1—曳引机得电点;t_2—曳引机断电点;t_3—制动器得电点;t_4—制动器断电点

2. 当电梯停止时,制动器提前曳引机断电

当电梯在停止时,经常出现停止后有冲击现象。这个现象是由于曳引机断电后,制动器还没有实现制动,而电梯大都是在不平衡状态下运行的,存在不平衡力矩,在曳引机断电后,电梯就向力矩大的方向加速运动,刚开始加速,制动器断电动作实现制动,就产生了停梯时的冲击现象。为了避免这一现象,就要求制动器提前于曳引机断电。一般取制动器提前曳引机 t ms(即 $t = t_4 - t_2$,其大小由系统本身决定)断电。制动时制动器与曳引机的时间差,见图 3-4-1。

电梯制动器和曳引机的协调时间做得好,电梯的启制动就平稳,制动器的寿命也会延长。否则,在电梯启制动时,就会有冲击和反车现象的存在。

第五节　曳引轮的防咬

曳引式电梯的安全防护,一方面是保护乘客,另一方面是保护作业人员。其中,对机械部件曳引轮的防咬人防护就是对作业人员的防护。

本节只对防咬人和防异物进入曳引轮槽与钢丝绳之间防护进行阐述,防钢丝绳从曳引轮上脱离绳槽的防护在其他节专门论述。

一、技术要求

根据 GB 7588—2003 要求,曳引轮、滑轮和链轮应设置防护装置,以避免出现以下现象:

(1)人身伤害;

(2)钢丝绳或链条因松驰而脱离绳槽或链轮;

(3)异物进入绳与绳槽或链与链轮之间。

从以上要求可以看出,曳引轮、滑轮和链轮必须做的防护包括以下 3 项:

(1)最低限度作防咬人防护;

（2）应设挡绳装置，防止钢丝绳或链条脱离绳槽或链轮；

（3）在钢丝绳进入曳引轮的方向为水平或与水平线上的夹角不超过 90°时，应防护。

二、须改进的设计

1. 挡板式防护

设计不合理的防咬人防护如图 3-5-1 所示。其中，图 3-5-1(a)为结构简图，图 3-5-1(b)为实物照片。其防咬人防护采用的是挡板，这样的设计不能完全保证在钢丝绳进入绳槽时发生咬人的伤害。

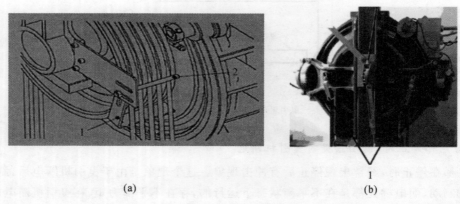

(a)   (b)

1—防咬人装置；2—挡绳装置

图 3-5-1　设计不合理的防咬人防护

(a)结构简图；(b)实物照片

2. 半包式防护

图 3-5-2 所示为半包式结构的曳引轮防咬人的防护装置。这种结构设计看似能实现防咬人的防护，但由于曳引轮正反向转动，这种结构在一定程度上防止了人的手或衣服被卷入钢丝绳与曳引轮之间，但是并不能防止衣服被卷入钢丝绳与防护罩之间，因此也不能完全避免咬人伤害。

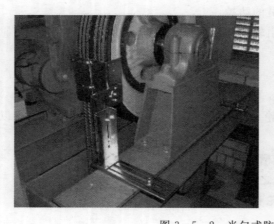

图 3-5-2　半包式防护

三、科学的设计

曳引轮的防护设置要求在曳引轮正反转时能实现防咬人保护。从最安全的角度出发,其科学的设计应是采用全包式防护罩对曳引轮进行防护,如图 3-5-3 所示。这种结构设计在防护罩上留出必要的观察孔,以满足"应能看到旋转部件且不妨碍检查与维护工作"的要求。为防止人员肢体(如手指)从孔中探入造成伤害,孔洞的结构形式及尺寸应符合 GB 12265.1—1997《机械安全:防止上肢触及危险区的安全距离》的相关要求。

图 3-5-3　全包式防咬人防护

第六节　挡 绳 装 置

挡绳装置又称防跳绳装置,也称钢丝绳防脱槽装置。其作用就是防止电梯在运行过程中因钢丝绳跳动或钢丝绳卧入时角度过大而意外脱出绳槽。

一、钢丝绳出现脱槽的原因

在电梯的运行过程中,发生钢丝绳脱槽的主要原因有以下几种:

(1)钢丝绳松弛。在曳引式电梯中发生钢丝绳松弛的现象很少,只有当电梯出现蹾底、冲顶或轿厢(对重)运行卡滞时才会出现。

(2)钢丝绳卧入轮槽时的角度偏差过大。造成钢丝绳卧入轮槽出现夹角的原因有两个方面:①固有结构设计带来的。如复绕式结构的电梯,钢丝绳卧入曳引轮绳槽时存在一定的夹角,这是不可避免的,若曳引轮采用悬臂设计,在电梯载重变化的情况下,钢丝绳卧入绳槽的角度也随之变化。②由于安装造成的。如带有导向轮或反绳轮的电梯,在安装时导向轮与曳引轮的绳槽不在同一垂直平面,钢丝绳卧入轮槽就会有夹角;或曳引轮、导向轮、反绳轮这三者不在同一垂直平面时,也会出现钢丝绳卧入轮槽有夹角。

为了保证钢丝绳不出现脱槽现象:①要满足钢丝绳进入轮槽时的角度不大于 4°;②需要增加挡绳装置。

二、挡绳装置位置设置不合理情况及影响

图 3-6-1 中是两种设置在曳引轮上的挡绳装置。这两种挡绳装置的设置都不能有效防止电梯曳引钢丝绳从轮槽内的脱出,更不能将有脱槽趋势的钢丝绳卧入轮槽中。

其设置位置不合理主要原因如下:

(1)图 3-6-1(a)中的挡绳装置设置位置不合理在于:钢丝绳的脱槽都是在钢丝绳进入轮槽时产生的,当钢丝绳有脱槽趋势时,这样设置的挡绳装置不能有效地防止钢丝绳脱槽;当钢丝绳存在脱槽趋势时,这种设置的挡绳装置不能阻挡钢丝绳的脱出,只是当钢丝绳脱出绳槽后对钢丝绳产生挤压作用,从而导致电机堵转停机或钢丝绳将挡绳装置损坏。

图 3-6-1(b)中的挡绳装置设置位置不合理在于:电梯的曳引机是双向转动的,只在顶部设置一道挡绳装置,这种挡绳装置不能阻止钢丝绳从轮槽中脱出。这种结构设计不科学的另一原因是,挡绳装置采用的是板材而不是圆钢,这种挡绳装置与钢丝绳接触时对钢丝绳的损伤比圆钢要大得多。

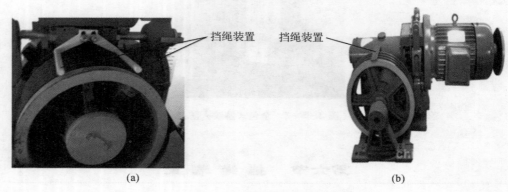

图 3-6-1　设计不合理的挡绳装置
(a)双挡绳装置;(b)单挡绳装置

三、挡绳装置位置的科学设置

科学合理的挡绳装置的设置在设计时,必须把握以下要求:

1. 挡绳装置的数量及位置

挡绳装置应设置在钢丝绳进入轮槽的入口部位,也就是钢丝绳与绳轮的切点位置,如图 3-6-2 所示要满足绳轮正反转的需要,就必须采用两个挡绳装置。

2. 挡绳装置与绳轮的间隙

挡绳装置与绳轮槽的上沿距离间隙以不大于钢丝绳直径的 1/3~1/2 为宜,一般地,挡绳装置与钢丝绳间隙在 3~5 mm 之间。

3. 挡绳装置的结构形式

挡绳装置是为了防止钢丝绳从绳轮上脱出,因而免不了与有脱槽趋势的钢丝绳发生干涉,为了尽量地避免钢丝绳的损伤,挡绳装置应采用圆形或半圆形结构。

挡绳装置的位置要能调整,挡绳装置的位置取决于钢丝绳卧入轮槽的切点位置,在设计挡

绳装置时档杆的位置相对于绳轮不但要能径向调整,也要能周向调整,这样才能保证在安装和调试过程中挡绳装置始终在钢丝绳与绳轮的切点位置。

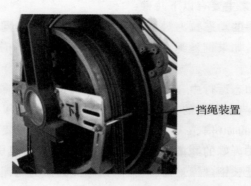

图 3 - 6 - 2　设置位置合理的挡绳装置

4. 挡绳装置的强度

挡绳装置的强度在设计时就应予以保证,其强度应能承受钢丝绳处于最大张力时所产生的力。因此,挡绳装置的强度设计不能以钢丝绳的直径为依据,应根据钢丝绳张力的不同而选取。

挡绳装置要在钢丝绳有脱槽趋势时,就能有效地阻止钢丝绳从轮槽脱出,使钢丝绳卧入绳轮的绳槽内,从而有效地避免钢丝绳脱槽。

四、挡绳装置的检验

(1)挡绳装置位置的检验。目视观察,必要时用直角尺检查:①挡绳装置应设置在钢丝绳与绳轮的切点处,或钢丝绳进入绳轮前 1/3～1/2 钢丝绳直径;②档绳装置应满足绳轮正反两个方向的要求。

(2)挡绳装置的强度检验。挡绳装置的强度应在设计中予以保证,在型式试验时予以检验。

第七节　曳引轮与钢丝绳直径比

曳引轮系统包括曳引轮、导向轮和反绳轮。曳引轮是将电动机的动力通过曳引绳(带)传给轿厢的重要旋转部件,也是将旋转运动转化为直线运动的装置之一。反绳轮主要是改变电梯的曳引比,反绳轮安装在轿厢顶部或底部。导向轮改变着轿厢侧钢丝绳与对重侧钢丝绳间的距离,且影响钢丝绳在曳引轮上的包角。

一、设计要求

GB 7588 — 2003 规定:曳引轮节圆直径与曳引钢丝绳直径比不小于 40。这样要求的目的是:①加大钢丝绳与曳引轮的接触面积,以增加曳引力;②减小钢丝绳的弯曲半径,以提高曳引钢丝绳的寿命。

二、影响曳引钢丝绳寿命的因素

影响钢丝绳寿命的因素主要有以下几种:

(1)拉伸载荷。运行中的动态拉力对钢丝绳的寿命影响很大,同时各钢丝绳的载荷不均匀也是影响寿命的主要方面,如果钢丝绳中的拉伸载荷变化为 20% 时,则钢丝绳的寿命变化达 30%~200%。

(2)弯曲。钢丝绳在动态运行中,其弯曲半径和经历的弯曲次数引起钢丝绳的疲劳,影响钢丝绳的寿命。弯曲应力与曳引轮的直径成反比,因此,标准规定了曳引轮、导向轮、反绳轮的直径不能小于钢丝绳直径的 40 倍。

(3)曳引轮槽型和材质。好的绳槽形状使钢丝绳在绳槽上有良好的接触,使钢丝绳产生最小的外部和内部压力,能延长钢丝绳寿命。另外,钢丝绳的压力与绳槽的弹性模量有关。如绳槽采用软的材料,则钢丝绳具有较长的寿命。但应注意的是,在外部钢丝绳应力降低的情况下,磨损将转向钢丝绳的内部。

(4)腐蚀。在不良的环境下,内部和外部的腐蚀会使钢丝绳的寿命显著降低,横断面减小或增大,进而使钢丝绳磨损加剧。特别是由于钢丝绳内部引起的腐蚀,对钢丝绳的寿命影响更大。

正常情况下,曳引钢丝绳的寿命主要是由其弯曲半径和折弯次数决定的,钢丝绳与曳引轮之间的摩擦次之。

三、须改进的设计

1. 曳引轮的节圆直径选得过小

曳引轮的直径大小直接影响着曳引钢丝绳的寿命。目前,有的厂家为了节约成本,将曳引轮直径与曳引钢丝绳的直径之比设计为正好 40 倍,有的电梯采用直径更小的轿底反绳轮。这样,由于曳引轮的磨损,节圆直径会减小,那么它们之比就不满足不小于 40 的要求,就使得钢丝绳寿命会缩短。甚至有的电梯在使用说明书中明示钢丝绳的寿命只有两年,若不更换就会出现钢丝绳断丝,甚至断股。

在实际使用中,一般都取 45~55 倍,有时还会取大于 60 倍。为了减小曳引绳的弯曲应力,增加曳引绳的使用寿命,一般希望曳引轮的直径越大越好,但曳引轮大意味着曳引机体积增大,减速器的速比增大,因此其直径大小应选择适宜。

2. 为了降低成本而减小曳引机功率

曳引力作用在曳引轮上的力矩,称曳引力矩,即

$$M = T \times \frac{D}{2}$$

式中　　T——曳引力;

　　　　D——曳引轮直径。

可以看出,曳引轮的直径与曳引力矩成正比,曳引力矩是由曳引机提供的,因而曳引轮的直径也与曳引机的功率成正比。而曳引机功率与成本有着直接的关系。曳引轮直径设计小就是为了降低制造成本,使用时的耗电量也会降低,但随之带来的结果是使用成本大幅度地增加,电梯全寿命周期内的费用也随之增加。

第八节　手动紧急操作装置的断电开关

电梯紧急救援装置采用的形式有手动盘车、紧急电动运行、松闸溜车等救援形式。手动盘车装置又分为可拆卸式和不可拆卸式两种。

对手动紧急救援操作装置设置断电开关的目的是防止在实施紧急救援时主机得电后运转，从而对救援人员造成伤害。

一、技术要求

GB 7588 — 2003 对紧急操作装置规定的技术要求如下：

(1)如果向上移动装有额定载重量的轿厢所需的操作力不大于 400 N,电梯驱动主机应装设手动紧急操作装置，以便借用平滑且无辐条的盘车手轮能将轿厢移动到一个层站。

(2)对于可拆卸的盘车手轮，应放置在机房内容易接近的地方。对于同一机房内有多台电梯的情况，如盘车手轮有可能与相配的电梯驱动主机搞混时，应在手轮上做适当标记。一个符合安全触点要求的电气安全装置最迟应在盘车手轮装上电梯驱动主机时动作。

(3)如果向上移动装有额定载重量的轿厢所需的操作力大于 400 N,机房内应设置一个符合相应规定的紧急电动运行的电气操作装置。

采用手动盘车紧急救援装置的电梯，手动盘车装置大部分都是可拆卸的，为了救援的安全性，就要求当盘车手轮在装到驱动主机时，有一安全装置必须动作。也就是，使主机必须断电，以确保救援时的安全。

为此，这一电气安全装置必须符合以下要求：

(1)非自动复位型。

(2)安全触点型。

二、常见的结构形式

目前，常见的可拆卸式手动盘车装置的电气安全装置的设计有两种形式。

1. 电气安全装置设置在驱动主机上

电气安全装置安装在驱动主机上，当盘车手轮装在曳引机上时，使电气开关动作，切断主机电源，从而防止了主机启动，这种结构称为装手轮断电式，如图 3 - 8 - 1 所示。

图 3 - 8 - 1　主机上的手动盘车断电开关

2. 电气安全装置设置在机房墙壁上

电气安全装置设置在机房墙壁上,当盘车手轮被卸下时,主机的电源被切断,这种结构称为取手轮断电式,如图3-8-2所示。

图 3-8-2 电气安全装置设置在墙上

三、须改进的安装使用

1. 盘车手轮容易取错

图3-8-2中这种设计满足了当盘车手轮在装到驱动主机时实现对驱动主机的断电。对于只有一台主机的机房来讲,这种设计无安全隐患。

若是两台及以上的电梯机房,虽然盘车手轮和电梯主机都有对应的标识,但因为盘车手轮与电梯驱动主机有很高的互换性,即使拿错盘车手轮也能实现手动盘车。又因为,一方面进行紧急救援都是在紧张情况下进行的,另一方面在进行紧急救援时为了实现快速救援,往往会就近取用救援设备。此时这样的设置就存在一定的安全风险——当盘车手轮被错用时,会造成被手动盘车的驱动主机未断电,而使正常运行的电梯断电。因此,被手动盘车的电梯就会有再启动的安全风险,同时正常运行的电梯因断电,造成新的困人可能。

从以上可看出,对于两台以上电梯的机房,使用这种形式的盘车手轮断电开关就存在一定的安全风险。如果安装使用这种取盘车轮断电的结构形式,那么盘车手轮必须采取防止取错的措施,仅用编号标识的形式难以防止取错盘车手轮。

2. 松闸杠杆不能回转松闸

图3-8-3所示是一种杠杆式松闸装置,杠杆在回转时与建筑物干涉,不能实现松闸。当杠杆较短时,松闸力就大,因此,建议在采用杠杆式松闸时要进行实际的操作试验,防止松闸杠杆与建筑物发生干涉而不能松开制动器。

3. 盘车手轮取用不方便

如图3-8-4所示,盘车手轮在机房的固定采用螺栓式结构。采用这种固定盘车手轮的形式,在进行紧急救援盘车时操纵不方便,甚至在取盘车手轮时需要用扳手才能取下,这样就给救援带来不便。因此,不建议采用这种固定盘车手轮的形式。

图 3-8-3　杠杆式手动松闸装置　　　　　图 3-8-4　盘车手轮的固定方式

四、断电开关的合理断电时机

断电开关应在盘车手轮与曳引主机连接前断电,这样就能防止电梯因未断电突然启动而带来的危险。

图 3-8-5(b)所示装置能防止盘车手轮的齿轮与曳引机上的齿轮已经啮合而电气开关还未断开的情况发生。图 3-8-5(a)(c)所示装置能防止盘车手轮的键与曳引机上的轴已连接而电气开关还未断开主机的电源。电气开关最迟应在盘车手轮与曳引机转动部件啮合时断开。

(a)　　　　　　　　　　(b)　　　　　　　　　　(c)

图 3-8-5　盘车手轮图
(a)花键连接式盘车手轮;(b)齿轮连接式盘车手轮;(c)平键连接式盘车手轮

第九节　上行超速保护

轿厢上行超速保护装置是防止轿厢冲顶的安全保护装置。其目的就是防止由于下述部件失效导致轿厢撞击井道上部结构。

(1)电力驱动主机的电动机,制动器,联轴器,轴或者传动装置;

(2)控制系统;

(3)除了悬挂钢丝绳和曳引机的曳引轮以外的任何影响轿厢速度的部件。

一、技术要求

GB 7588 — 2003 规定:曳引驱动电梯上应装设符合下列条件的轿厢上行超速保护装置。

(1)该装置包括速度监控和减速元件,应能检测出上行轿厢的速度失控,其下限是电梯额定速度的 115%,上限应大于规定的轿厢安全钳的限速器动作速度,但不得超过 10%,并应能使轿厢制停或至少使其速度降低至对重缓冲器的设计范围内。

(2)该装置应能在没有那些在电梯正常运行时控制速度、减速或停车的部件参与下,达到上述要求,除非这些部件存在内部的冗余度。

该装置在动作时,可以由与轿厢连接的机械装置协助完成,无论此机械装置是否有其他用途。

(3)该装置在使空轿厢制停时,其减速度不得大于 1 g_n。

(4)该装置应作用于:

1)轿厢;

2)对重;

3)钢丝绳系统(悬挂绳或补偿绳);

4)曳引轮(例如直接作用在曳引轮上,或作用于最靠近曳引轮的曳引轮轴上)。

(5)该装置动作时,应使一个符合规定的电气安全装置动作。

(6)该装置动作后,应由称职人员使其释放。

(7)该装置释放时,应不需要接近轿厢或对重。

(8)释放后,该装置应处于正常工作状态。

(9)如果该装置需要外部的能量来驱动,当没有能量时,该装置应能使电梯制动并使其保持停止状态。带导向的压缩弹簧除外。

(10)使轿厢上行超速保护装置动作的电梯速度监控部件应是:

1)符合要求的限速器;

2)符合限速器的规定。

综上所述,轿厢上行超速保护装置应是独立的,在制停轿厢或对轿厢减速时,应完全依靠上行保护装置自身的制动能力完成。不应依赖于速度控制系统(如强迫减速开关)减速或停止装置(如驱动主机制动器)。如果这些部件存在冗余,则可以利用这些部件帮助轿厢上行超速保护装置停止或减速轿厢。

二、常见结构形式及工作原理

1. 作用于轿厢上

作用于轿厢上就是采用双向安全钳或上行安全钳实现轿厢制停或减速的方式。采用该方式的限速器采用如图 3 - 9 - 1(a)所示的双向限速器作为速度监控元件。安全钳采用如图 3 - 9 - 1(b)所示的双向安全钳,这种安全钳采用上、下行超速保护装置同一套弹性元件和钳体,且上行制动力和下行制动力可以单独设定安全钳。上行安全钳由于设有制动后轿厢地板倾斜不大于 5%的要求,它可以成对单独配置。这种方式是一套较为成熟的技术方式。

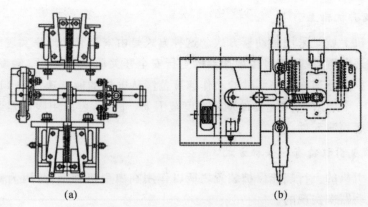

图 3-9-1　安全钳结构的上行超速保护装置
(a)上行超速保护装置与安全钳分体布置；(b)上行超速保护装置与安全钳一体

2. 作用于对重上

作用于对重上就是采用对重限速器和对重安全钳方式。作为上行超速保护装置的限速器和安全钳系统，与对重下方有人能达到的空间应增设限速器和安全钳系统不同，上行超速保护装置的安全钳和限速器不要求将对重制停并保持静止状态，而是只要将对重缓冲至缓冲器能承受的设计范围内即可。可见，对上行超速保护装置的限速器和安全钳系统的制动力要求，比对重下方有人可到达空间的限速器、安全钳的制动力要低。且对重下方有人可到达空间的安全钳可成对配置，也可以单独配置，但上行超速保护装置的限速器和安全钳系统，必须设置一个电气安全装置在其动作时动作，从而使制动器失电抱闸，电动机停转。

3. 作用于钢丝绳上

作用于钢丝绳上就是采用钢丝绳制动器方式，如图 3-9-2 所示。它一般安装在曳引轮和导向轮之间，通过夹绳器夹持悬挂着的曳引钢丝绳使轿厢减速。如果电梯有补偿绳，夹绳器也可以作用在补偿绳上。夹绳器可以机械触发也可以电气触发。触发信号可以用限速器的上行机械动作或上行电气开关动作来实现。

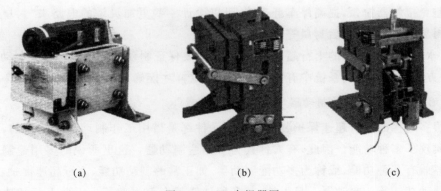

(a)　　　　　　　　　(b)　　　　　　　　　(c)

图 3-9-2　夹绳器图
(a)TSQ8 型夹绳器；(b)JSQ2 型夹绳器；(c)JSQ2(Y)型夹绳器

4. 作用于曳引机轴上

作用于曳引机上就是采用制动器方式。这种方式是由安全制动器来实现的。也就是将安全制动器作为减速装置,减速信号由限速器的上行安全开关动作实现电气触发。

上行超速保护装置速度检测元件的动作速度范围从电梯的额定速度的115%至限速器上限动作速度的110%,比下行限速器的动作速度范围大。因而,可以用限速器装置作为上行超速保护装置的速度检测元件。

5. 永磁同步曳引机特有的保护方式

永磁同步曳引机的上行超速保护装置之所以作用在曳引机轴上,是因为其超速制动是靠曳引机自身和制动器来实现的。

当曳引机断电时,如果永磁同步曳引机在制动器发生失效(断电后未能下闸)时,电梯将发生"溜车"现象。由于永磁体的存在,曳引机定子绕组感应出制动电流,制动电流产生制动转矩阻止曳引机的"溜车","溜车"速度越快,制动电流越大,所产生的制动转矩越大,曳引机的"溜车"速度将限制在一定速度范围内匀速运行,但是,要确保其效果,必须要有一套"永磁同步电机的自发电式能耗制动"电路来保证,也就是俗称的"封星电路"。当曳引机断电时(换速、平层、停车、开门过程中),运行接触器断开后,将同步机的定子绕组短接,电梯轿厢将发生能耗制动下的"溜车"现象(条件是轿厢与对重重量不平衡),这种"溜车"速度很慢,一般在 5～15 cm/s 左右,这也是同步机区别于异步机的一大优点。

三、须改进的设计

1. 永磁同步曳引机上行超速保护装置缺少"封星电路"

行业内有很多人认为在变频器有输出和电机有速度旋转的情况下封星是有安全隐患的,但在实际应用中,如果封星专用接触器的释放时间不合适,会发生接触器拉弧或使停车舒适感很差,因而取消"封星电路"会导致存在潜在的设计隐患。但是,如果永磁同步电机的控制系统取消"封星",它的一切安全基础就是制动器,若制动器失效,发生飞车就是必然的。"封星"虽有缺点,却是永磁同步电机的自发电式能耗制动在现阶段弥补安全风险的最佳措施。

为了避免接触器拉弧,提高停车舒适感,可以设计一些更加灵敏的电路来"封星",如电机无电流时封星,或零速延时后封星等。

总之,永磁同步曳引机的上行超速保护,一方面要保证制动器可靠动作以及制动力矩满足要求,另一方面要保证控制系统中有"封星电路"。这样才能确保其安全性。

2. 作用在曳引机轴上的制动器不是"安全制动器"

目前很多电梯的上行超速保护装置的执行元件都是借用工作制动器来实现的,也就是一个制动器实现了多种功能。因此,有人称其为多用途制动器。这里所说的多用途制动器是指一套制动器兼有多种功能,或称为多功能制动器,如正常的制动功能、上行超速保护功能、防止轿厢意外移动功能等。制动器一旦失效,其多种功能就全部失效了。因此上行超速保护装置的执行元件用工作制动器不科学。

第十节　轿厢防止意外移动保护装置

设置轿厢防止意外移动保护装置是防止在轿门未关闭的情况下因轿厢的移动对乘客造成剪切伤害。

设置轿厢意外移动保护装置的目的是及时检测到下述任一部件的失效而导致的轿厢意外移动,并停止该轿厢移动:

(1)电力驱动主机的电动机,制动器,联轴器,轴或者传动装置;

(2)控制系统;

(3)除了悬挂钢丝绳和曳引机的曳引轮以外的任何影响轿厢速度的部件。

一、技术要求

GB 7588 — 2003 规定:在层门未被锁住且轿门未关闭的情况下,由于轿厢安全运行所依赖的驱动主机或驱动控制系统的任何单一元件失效都可能引起轿厢离开层站的意外移动,电梯应具有防止该移动或使移动停止的装置。

除悬挂绳、链条和曳引轮、滚筒、链轮的失效外,曳引轮的失效还包含曳引能力的突然丧失。

(1)不具有符合"门开着情况下的平层和再平层控制"的开门情况下的平层、再平层和预备操作的电梯,并且其制动部件是符合(3)(4)的驱动主机制动器,不需要检测轿厢的意外移动。

轿厢意外移动制停时由于曳引条件造成的任何移动,均应在计算和验证制停距离时予以考虑。

(2)该装置应能够检测到轿厢的意外移动,并应制停轿厢且使其保持停止状态。

(3)在没有电梯正常运行时控制速度或减速、制停轿厢或保持停止状态的部件参与的情况下,该装置应能达到规定的要求,除非这些部件存在内部的冗余且自监测正常工作。

在使用驱动主机制动器的情况下,自监测包括对机械装置正确提起(或释放)的验证和对制动力的验证。对于采用对机械装置正确提起(或释放)验证和对制动力的验证的,制动力自监测的周期不应大于 15 天;对于仅采用对机械装置正确提起(或释放)验证的,则在定期维护保养时应检测制动力;对于仅采用对制动力验证的,则制动力自监测周期不应大于 24 h。

如果检测到失效,应关闭轿门和层门,并防止电梯的正常启动。对于自监测,应进行型式试验。

(4)该装置的制停部件应作用在:

1)轿厢;

2)对重;

3)钢丝绳系统(悬挂绳或补偿绳);

4)曳引轮;

5)只有两个支撑的曳引轮轴上。

(5)该装置的制停部件,或保持轿厢停止的装置可与用于下列功能的装置公用:

1)下行超速保护;

2)上行超速保护。

(6)该装置用于上行和下行方向的制停部件可以不同。

二、轿厢发生意外移动的原因

发生轿厢意外移动的原因之一就是工作制动器制动力不足或失效,进而导致停止在平层位置开着门的轿厢发生位移,发生对乘客造成剪切的伤害。

造成工作制动器力矩不足的主要原因有以下几种:

(1)制动摩擦衬与制动轮的接触面积不足。

(2)制动器压缩弹簧的预压力不足。出现这种现象:一方面是由于弹簧工作时间长,弹簧出现疲劳;另一方面是由于摩擦片磨损后,弹簧的预压力的减小。

(3)制动摩擦片严重磨损。摩擦片产生磨损及其磨损速度加快主要是由于电梯起制动时间与制动器吸合(或释放)的时间协调不好造成的。

造成工作制动器失效的主要原因有以下几种:

(1)传动轴断裂。

(2)制动器弹簧断裂。

(3)制动器的制动臂转动轴断裂,或脱落。

(4)制动器的转动臂断裂。

(5)控制系统失效。

三、常见结构及工作原理

轿厢防止意外移动装置的形式有以下 3 种。

1.插销式(棘轮棘爪式)

图 3-10-1 所示,这种形式的轿厢防止意外移动装置由曳引轮,电磁铁及推杆组成。

在曳引机的曳引轮上有若干台阶或孔起棘轮的作用,在曳引轮支架上安装有一带推杆的电磁铁装置起棘爪作用。当电梯平层停止运行时,电磁铁失电,推杆在弹簧的作用下伸出插入曳引轮的两个凸台之间,使曳引轮只能在一定的范围内转动。也就是轿厢只能在一定距离内移动,从而实现防止轿厢意外移动的保护。

图 3-10-1 插销式轿厢防止意外移动保护装置

2. 安全制动器式

图 3 - 10 - 2 所示,这种形式的轿厢防止意外移动保护装置的执行元件是由作用在曳引轮上的安全制动器来实现的。

图 3 - 10 - 2(a)所示,是一种作用在曳引轮侧面的安全制动器。如图 3 - 10 - 2(b)所示,是一种作用在曳引轮顶面的安全制动器。由于安全制动器的制动力矩大,因而一般采用钳盘式制动器。当电梯停止时,安全制动器同时制动,防止轿厢意外移动;当电梯启动时,安全制动器先打开,然后工作制动器再打开。

（a）　　　　　　　　　　（b）

图 3 - 10 - 2　安全制动器防止轿厢意外移动装置
(a)作用在曳引轮侧面；(b)作用在曳引轮顶面

这种结构形式有效地防止了由于工作制动器的失效而使轿厢发生意外移动,以实现防止轿厢意外移动的保护。

3. 制动力矩监测式

这种形式的轿厢防止意外移动保护装置目前使用比较多,主要由以下几部分组成:

(1)监测装置,用来监测轿厢的位移。一般通过平层感应器、旋转编码器、限速器等 3 种方式测量其轿厢的移动。

(2)触发装置。当检测部分检测到轿厢移动一定位置时,控制系统发出指令使制动部分动作。

(3)制停装置。一般通过夹轨器、钢丝绳夹绳装置、制动器等 3 种结构形式来实现电梯的制停。

(4)自监测装置。一般可通过使用旋转编码器,平层感应器和在制动器闭合状态下给曳引电动机通电等方式进行。

自监测部分是在电梯停止运行时对制动力矩的监测。其制动力矩监测曲线如图 3 - 10 - 3 所示。其工作原理为,在电梯停止运行并且制动器抱闸状态下,定期(一般不小于 24 h)给曳引机通电使其产生一定的正向和反向力矩,通过旋转编码器或平层感应器等方式判断曳引机是否滑移,若滑移超出设定值,旋转编码器等位置测量元件就会发出信号,从而判定制动器的制动力矩不足,报出故障,同时使电梯停止运行。

制停装置主要是在接收到轿厢意外移动信号后,制动器失电实现制动。

监测装置主要用于：①自监测时测量轿厢是否移动；②正常使用在平层时监测轿厢是否移动。若监测到制动力矩不足或轿厢有移动，则给控制系统发出信号，控制系统断电，使停止的电梯不能再继续移动，或者使正在运行的电梯制动器抱闸停止运行。

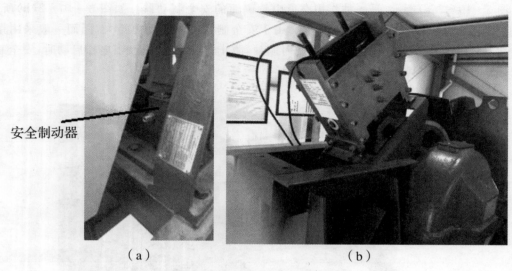

（a）   （b）

图 3-10-3　制动力矩检测示意图

四、几种轿厢防意外移动装置设计的合理性分析

1. 插销式

这种设计存在的不足在于不能保证每次磁力推杆都能插入两个凸台之间。造成这种现象的原因如下：

（1）曳引轮上的凸台是有级的。由于曳引轮上的凸台是有级的，所以凸台的多少及间距决定着轿厢意外移动的距离；凸台之间的空隙大小和位置影响着磁力拖杆能否顺利插入两个凸台间。即使磁力推杆未插入两个凸台之间，而是顶在凸台上，若发生了轿厢的意外移动，随着曳引轮的转动，磁力推杆从凸台上滑动后也会插在两个凸台之间实现防止轿厢的意外移动。

（2）钢丝绳在曳引轮上是有滑移的。由于钢丝绳在曳引轮上存在一定的滑移，这样就使得曳引轮上的凸台与平层时的相对位置也是变化的，从而影响到磁力推杆插入曳引轮两个凸台之间的概率。

（3）钢丝绳是有弹性的。一方面，随着使用的时间增长，钢丝绳会伸长；另一方面，随着载重量的变化，钢丝绳的伸长量也有变化。这样也会造成轿厢平层时与对应曳引轮凸台的位置有所变化，从而影响到磁力推杆插入曳引轮两个凸台之间的概率。

（4）紧急救援操作比以前复杂。由于电磁式插销是断电后插入曳引轮的凸台间，那么在进行手动盘车时要将电磁推杆收回，这样才能实现手动盘车。

从以上分析可知，这种结构形式的轿厢防止意外移动保护装置，虽然在使用中存在一定的缺陷，但能有效地防止轿厢的意外移动。由于其使用比较复杂，一般都使用在载货电梯中。

2. 制动力矩监测式

这种结构形式由于对传统的结构改变较小,因而被广泛采用,但这种结构形式存在以下不足:

(1)自检测方式不满足要求。目前对制动力矩的监测方式是针对两组制动力矩进行的监测,没有达到两组分别监测的目的。这不符合 GB 7588—2003 中"所有参与向制动面施加制动力的制动器机械部件应至少分两组设置。如果由于部件失效其中一组不起作用,应仍有足够的制动力使载有额定载重量以额定速度下行的轿厢和空载以额定速度上行的轿厢减速、停止并保持停止状态"的规定。

(2)自监测力矩不满足要求。GB 7588—2003 规定"当轿厢载有 125% 额定载重量并以额定速度向下运行时,制动器自身应能使驱动主机停止运转。所有参与向制动面施加制动力的制动器机械部件应至少分两组设置。如果由于部件失效其中一组不起作用,应仍有足够的制动力使载有额定载重量以额定速度下行的轿厢和空载以额定速度上行的轿厢减速、停止并保持停止状态。"

因此,目前用电动机 110% 额定力矩进行验证其双边制动力矩的自监测制动力矩的方式,其力矩加载的强度是不满足要求的。

(3)电动机的输出力矩与制动力矩是不同的两个概念。曳引电动机的额定功率决定着其额定输出力矩,电动机的额定力矩和减速比决定着提升能力,提升能力影响着提升高度和额定载重量;制动器的制动能力反映的是制动轮与制动摩擦片产生的摩擦力,与制动轮的直径、制动轮和摩擦片的接触面积及压力有关。

对于一些额定功率设计裕量小的电梯,曳引机所提供的力矩就不能提起轿厢载有 125% 额定载重量,在这种情况下,这种自监测制动力矩的方式就不能达到预期的效果。

(4)工作制动器的冗余功能被降低。对工作制动器的要求就是必须两组设置,这样用作为工作制动器又作为防止轿厢意外移动的执行元件,就是降低了工作制动器本身的冗余度。

(5)没有考虑工作制动器的失效。轿厢防止意外移动保护之一就是要防止在工作制动器不能制动或制动力矩不足情况下的移动。若自检测系统不能有效检测其制动力矩,那么电梯在运行过程中就有很大的意外移动风险。

(6)不能防止极端故障情况下的安全隐患。工作制动器都是安装在高速轴上的,若出现变速箱与曳引轮之间的轴发生断裂的情况,则工作制动器不能制停电梯。

通过以上分析可以看出,自监测力矩式防止轿厢意外移动装置并不能有效地保证电梯使用中的安全。

3. 夹绳器式

夹绳器的结构形式既可以满足上行超速保护的要求,也可以满足防止轿厢意外移动的要求,但是如果采用一种夹绳器同时满足这两种要求就比较难。

(1)上行超速保护装置要满足:

1)当电梯出现超速时才起作用。

2)它不需要电梯制停,只要将电梯的速度降低到对重缓冲器能承受的速度即可。

(2)防止轿厢意外移动装置要满足:

1)电梯平层时就要动作。

2)必须保持轿厢处于停止状态。

(3)夹绳器式防止轿厢意外移动装置存在以下不足：

1)降低了钢丝绳的寿命。夹绳器反复地对钢丝绳挤压和摩擦,会使钢丝绳的寿命降低。

2)夹绳器动作后,恢复比较困难。

3)救援困难。若当电梯困人,轿厢又不在平层位置时,要解救被困人员,必须先使夹绳器恢复正常,但这样会耗费一定的救援时间。

通过上述分析,一般不建议采用这种形式的防止轿厢意外移动保护装置。

五、科学合理的设计

在对轿厢防止意外移动的设计时要做到以下几点：

(1)防止电力驱动主机的电动机、制动器、联轴器、轴或者传动装置的失效。

(2)防止控制系统失效。

(3)防止除了悬挂钢丝绳和曳引机的曳引轮以外的任何影响轿厢速度的部件失效。

(4)不能降低曳引主机制动器的固有功能和性能。

(5)要保证轿厢意外移动装置工作的可靠性。

为了满足以上要求,防止轿厢意外移动保护装置作用的部位有以下几种形式。

1. 作用在轿厢或对重上

作用在轿厢或对重上的轿厢防止意外移动保护装置有以下结构形式：

(1)导轨插销式。轿厢防止意外移动的执行元件作用在轿厢和对重上的形式是电磁插销式。即当轿厢或对重运行到平层位置后用电磁插销的形式实现轿厢或对重与导轨间的相互移动,如图3-10-4所示。电磁插销固定在轿厢或对重上,通电时电磁铁将插销收回,断电时插销插入与导轨刚性连接的孔中,从而实现电梯轿厢在平层位置时即使制动器的制动力不足或失效时也不能移动。

图3-10-4 作用于轿厢上的防止移动装置

(2)轿厢插销式。在轿厢底部设置一电磁式插销,在井道的地坎下开一孔洞,当电梯到达平层位置停止运行后,轿厢底部的电磁式插销伸出插入地坎下的孔中,当电梯启动时,电磁式插销收回。

2. 作用在导轨上

在轿厢的两侧各装设一对或多对钳盘式制动器，当电梯到达平层位置停止运行后，制动器工作夹持在导轨上，当电梯启动时，作用在导轨上的制动器先释放，电梯运行。这种设置的制动器也可以称为安全制动器，如图 3－10－5 所示。

图 3－10－5　钳盘式制动器

3. 作用在钢丝绳上

轿厢防意外移动的执行元件作用在钢丝绳上的形式就是夹绳器，这种结构形式实现起来比较困难，并且对钢丝绳有很大的损伤，因此很少被采用。

4. 作用在曳引轮上

作用在曳引轮上的轿厢防止意外移动装置有插销式和安全制动器式两种结构。插销式如图 3－10－1 所示。安全制动器式是以安全制动器作为轿厢防止意外移动的结构形式，如图 3－10－2 所示。

目前，永磁同步曳引机大量使用并采用钳盘式制动器，这种结构就可满足要求。但是钳盘式制动器至少应设置 3 套以上，其中两套是满足工作制动器分两组设计的要求，其余制动器就是安全制动器。

第十一节　导轨与导靴

电梯的导轨和导靴是限制轿厢和对重运行自由度的部件，导靴是引导轿厢和对重沿导轨运行的装置，导轨给轿厢和对重的运行提供支撑和路线，紧急情况下导轨还提供使安全钳动作的制动力，导轨的距离决定了轿厢与对重的相对位置。

一、导轨的强度及安装要求

GB 7588 — 2003 中对导轨的强度及安装的基本要求如下：

（1）"T"形导轨的最大计算允许变形。

1）对于装有安全钳的轿厢、对重（或平衡重）导轨，安全钳动作时，在两个方向上允许变形为 5 mm；

(2)对于没有安全钳的对重(或平衡重)导轨,在两个方向上允许变形为 10 mm。

(2)每根导轨宜至少设置两个导轨支架,支架间距不宜大于 2.5 m。当不能满足此要求时,应有措施保证导轨安装满足 GB 7588—2003 中 10.1.2 规定的许用应力和变形要求。

(3)每列导轨工作面(包括侧面与顶面)相对安装基准线每 5 m 长度内的偏差均不应大于下列数值。

1)轿厢导轨和装设有安全钳的对重导轨为 0.6 mm；

2)不设安全钳的 T 形导轨为 1.0 mm。

(4)轿厢导轨和设有安全钳的对重导轨,工作面接头处不应有连续缝隙,局部缝隙不应大于 0.5 mm；工作面接头处台阶用直线度为 0.01/300 的平直尺测量,不应大于 0.5 mm。

不设安全钳的对重导轨工作面接头处缝隙不应大于 1.0 mm,工作面接头处台阶不应大于 0.15 mm。

(5)两列导轨顶面间距离的允许偏差为：

1)轿厢导轨为 0～+2 mm；

2)对重导轨为 0～+3 mm。

(6)应采取措施防止对重块不会脱离对重架,对重架及轿厢不会脱离导轨。

二、导轨与导靴的配合要求

滑动导靴与导轨工作面的配合间隙一般要求为三面间隙均不应超过 1.0 mm,如图 3-11-1 所示。

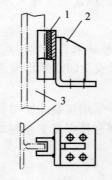

1—靴衬；2—靴座；3—导轨

图 3-11-1　滑动导靴

三、影响导轨与导靴脱离的因素

轿厢从导轨上脱离的情况很少见,但对重从导轨上脱离的情况比较多,如图 3-11-2 所示。出现这种情况的原因如下：

(1)对重导轨顶面偏差比轿厢导轨顶面偏差大。

(2)导轨嵌入对重导靴的深度小。

(3)对重与轿厢采用的导轨结构和形状不同,对重导轨采用顶面圆形,就影响了导轨嵌入导靴的深度。

（4）轿厢设有安全钳，这在一定程度上也保证了轿厢导靴不易从导轨上脱离。

图 3-11-2 对重脱离导轨图片

影响导轨与导靴脱离的因素有以下几种：

1. 导轨嵌入导靴的尺寸

应采取措施防止对重块脱离对重架，对重架及轿厢脱离导轨。

对于弹性导靴，影响导轨嵌入导靴深度的因素除了固有设计外，还有以下几种：

（1）导靴压缩弹簧的调整。

（2）压缩弹簧固定螺母的放松。

（3）两列导轨的平行度及顶面间距偏差。

（4）导轨的刚度，特别是接头处的刚度和两列导轨接头是否处于同一水平位置。

（5）靴衬的磨损量。

当以上几个不利因素相叠加时，就会造成轿厢或对重从导轨上脱离。

2. 对重导轨接头及支架位置

导轨的刚度已不是安装前的刚度，因此应该按照安装后的结构进行刚度计算和校核，特别是导轨接头处的刚度及相对滑移情况。支架的位置和数量决定了安装后导轨的刚度：当导轨支架距离导轨接头较远时，甚至导轨的接头在两支架中间位置时，导轨接头处的刚度最小；若导轨支架处在导轨接头的附近位置，导轨的刚度则较大。

两列导轨接头处的相对位置随着轿厢和对重的摆动对导轨嵌入导靴的深度有一定影响。当两列导轨接头位置处于同一水平面上时，导轨接头就会出现错位现象，从而影响到导轨嵌入导靴的深度。

3. 导靴与轿厢和对重的连接强度

无论轿厢还是对重，应至少采用两对两组导靴的设计方案，否则当导靴从轿厢或对重上脱离时，整个轿厢和对重就会失去自由度的限制，从而发生碰撞。

四、设计改进

为了防止导靴从导轨上脱离，应采取如下措施：

（1）在设计上保证导轨嵌入导靴的深度，至少应嵌入导轨工作侧面高度的2/3以上。

（2）增加导靴脱离轿厢和对重的二次保护设计，如图3-11-3所示。其二次保护设计有两种形式，一种是设置在两导靴之间，另一种是设置在导靴附近。

(a)   (b)

图3-11-3 导靴防脱的二次保护结构

第十二节 平层感应装置

平层感应装置是电梯不可缺少的组件之一，其设置目的就是在电梯到达平层位置前发出使电梯减速的信号，电梯到达平层位置时发出电梯停止信号。

一、结构及工作原理

目前，在电梯中常见的平层感应装置有干簧管、光电开关、磁铁式、钢带式和旋转编码器式。

1. 干簧管

如图3-12-1所示，隔磁板安装在井道的固定位置。在未动作时，由于磁铁的作用，干簧管开关1、2触点接通。当轿厢到达规定位置时，井道里的隔磁板在磁铁和干簧管之间，隔离了磁场，干簧管开关触点在自身弹性的作用下使1、2触点断开，1、3触点接通，将此信息送入控制系统，即得到轿厢位置的信号。

图3-12-2所示为磁铁形式的平层感应装置，双稳态磁开关安装在导轨上，当轿厢运行通过磁铁位置时，磁开关动作一次（由"通"到"断"或由"断"到"通"），反向经过又动作一次，于是每次上行经过时，开关由"通"（或"断"）变为"断"（或"通"），下行经过时开关位置又还原。磁铁的N极和S极对开关的作用相反，若同一运行方向经过S极的磁铁使开关"通"，则经N极时使开关"断"。

光电开关形式的平层感应装置，其形状与干簧管开关相似，但它的两个小臂一个是发光的光源，一个是接收光源的元件。在井道中装有薄板制作的挡板，当轿厢运行到规定位置时，挡板插入光电开关的两臂之间遮断光线,就会有轿厢位置的信号进入控制装置。

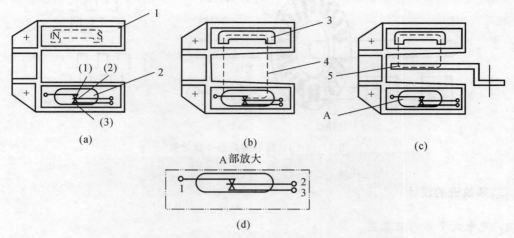

1—盒;2—干簧管;3—永久磁铁;4—磁力线;5—隔磁板

图 3-12-1 干簧管传感器工作原理图

(a)干簧管示意图;(b)未动作时;(c)动作时;(d)A 部放大

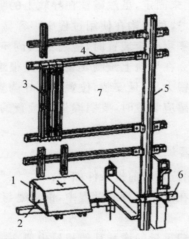

1—双稳态磁开关架;2—双稳态磁开关;3—圆形永久磁铁;

4—磁铁支架;5—轿厢;6—轿厢顶支架;7—中间停站

图 3-12-2 圆形永久磁铁式平层感应装置直观图

2. 旋转编码器

如图 3-12-3 所示,旋转编码器与电动机同轴连接,它不仅能进行实地的检测,还能对运行距离进行检测,并得知轿厢在井道中的实时位置,可实现对电梯速度的控制,也可以实现使轿厢按距离停靠。

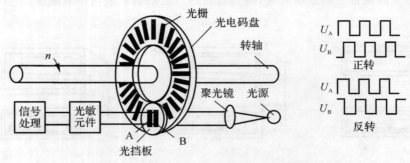

图 3-12-3 旋转编码器计脉冲数

二、须改进的设计

1. 光电式平层感应装置

在观光电梯中不宜使用光电开关式平层感应装置。观光电梯由于外界的光照比较强,容易出现光电开关误动作或不动作。

2. 磁铁式平层感应器装置

磁铁式平层感应器在导轨上未固定,虽然磁铁在导轨上的吸附力很大,但只要一个很小的力它就可以在导轨上产生滑移。这种结构在使用过程中很容易出现磁铁滑移的现象使电梯不能平层。因此,在使用磁铁作为平层感应装置时,应将磁铁固定在导轨上。但是,由于导轨是根据现场的实际情况安装的,那么在导轨上预制安装位置是很难的,只能根据现场的实际情况配做固定装置,现场配装时难度很大,一旦安装,位置就不好调整。加之,磁铁在恶劣的环境下会失磁,建议在使用电磁式平层感应装置时,要明确保养检查的要求,或更换的时间要求以及使用场合。

3. 旋转编码器式平层感应器装置

使用旋转编码器来判断轿厢位置的前提条件如下:

(1)曳引力足够大。也就是在电梯运行的过程中,钢丝绳与曳引轮发生相对滑移量在一定的范围内。

(2)电梯的曳引钢丝绳随着载重量的增减其伸长量也要在一定的范围内。

由于钢丝绳在使用过程中,总是会伸长,因此曳引轮与钢丝绳之间总是有相对滑移,这种设计就需要电梯具有平层位置自监测和自校正功能。当电梯监测到平层位置不能满足要求时,就要进行自校正或定期进行平层的自校正,否则,平层准确度就会随着电梯的使用时间和载重量的变化而变化,乘客进出电梯就有被绊倒的可能。

第十三节　极限开关选型及其弓形撞板长度

极限开关是安全保护装置之一,其主要作用是防止电梯超出运行范围。当极限开关动作后,若电梯还在继续运行,轿厢(或对重)就会撞到缓冲器。在轿厢(或对重)撞击缓冲器后的全过程中,极限开关要始终处于动作状态。如果在轿厢(或对重)撞击缓冲器后的全过程中,极限开关有接通,电梯会得电重新运行,电梯就会出现冲顶或蹾底,甚至在电梯冲顶或蹾底后主机还会继续转动。

一、极限开关的技术要求

GB 7588 — 2003 规定,极限开关必须满足以下要求。

1. 总则

(1)极限开关应设置在尽可能接近端站时起作用而无误动作危险的位置上。

(2)极限开关应在轿厢或对重(如有)接触缓冲器之前起作用,并在缓冲器被压缩期间保持其动作状态。

2. 极限开关的动作

(1)正常的端站停止开关和极限开关必须采用分别的动作装置。

(2)对于强制驱动的电梯,极限开关的动作应由下述方式实现:

a)利用与电梯驱动主机的运动相连接的一种装置;

b)利用处于井道顶部的轿厢和平衡重(如有);

c)如果没有平衡重,利用处于井道顶部和底部的轿厢。

(3)对于曳引驱动的电梯,极限开关的动作应由下述方式实现:

a)直接利用处于井道的顶部和底部的轿厢;

b)利用一个与轿厢连接的装置,如钢丝绳、皮带或链条。

该连接装置一旦断裂或松弛,一个符合安全触点的电气安全装置应使电梯驱动主机停止运转。

3. 极限开关的作用方法

a)对强制驱动的电梯,当电梯的电动机有可能起发电机作用时,应防止该电动机向操纵制动器的电气装置馈电。用强制的机械方法直接切断电动机和制动器的供电回路;

b)对曳引驱动的单速或双速电梯,极限开关应能:

①按 a)切断电路;或

②通过一个符合安全触点的电气安全装置,即使两个触点粘连在一起,或两个独立串联电源电路中的接触器,电梯停止时,如果其中一个接触器的主触点未打开,最迟到下一次运行方向改变时,必须防止轿厢再运行。切断向两个接触器线圈直接供电的电路;

c)对于可变电压或连续调速电梯,极限开关应能迅速地,即在与系统相适应的最短时间内使电梯驱动主机停止运转。

4. 极限开关动作后,电梯应不能自动恢复运行。也就是极限开关要具有故障锁定功能。

二、极限开关的结构形式

极限开关在设计中一般有自动复位式和非自动复位式两种结构形式。目前常见以自动复位结构形式居多,在早期的电梯中使用非自动复位结构形式的居多。

三、极限开关设置存在的不足

如图 3 - 13 - 1 所示,若极限开关采用的是自动复位结构形式,当弓形撞板的长度小于极限开关动作后的缓冲距离时,在轿厢(或对重)接触缓冲器之前电梯就存在自动再启动的可能,使得轿厢(或对重)撞击缓冲器的速度加大。

若极限开关采用的是非自动复位结构形式,即使弓形撞板的长度小于极限开关动作后的缓冲距离,在轿厢(或对重)接触缓冲器之前电梯也不存在自动再启动的可能。

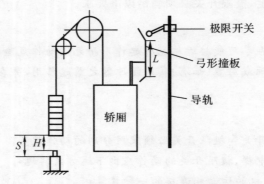

图 3-13-1 极限开关、撞弓及缓冲距示意图

四、弓形撞板需要满足的最小工作长度

1. 撞击上极限开关的弓形撞板长度

如图 3-13-1 所示,假设弓形撞板在上平层位置时至撞击极限开关的距离为 $A_上$,则弓形撞板的长度 $L_上$ 为

$$L_上 = S_上 - A_上$$

式中　　$S_上$ —— 对重缓冲距离与对重缓冲器压缩行程之和;

　　　　$A_上$ —— 轿厢在最高平层位置时弓形撞板至弓形撞板使极限开关动作的距离;

　　　　$L_上$ —— 上弓形撞板工作长度。

2. 撞击下极限开关的弓形撞板长度

与前文同理,可得

$$L_下 = S_下 - A_下$$

式中　　$L_下$ —— 下弓形撞板的工作长度;

　　　　$S_下$ —— 轿厢缓冲距离与轿厢缓冲器压缩行程之和;

　　　　$A_下$ —— 轿厢在最低平层位置时弓形撞板至弓形撞板使极限开关动作的距离。

五、设计建议

为了保证极限开关动作的可靠有效,在设计上建议:

(1)尽量选用非自动复位的开关。也就是具有故障锁定功能的开关。

(2)弓形撞板和极限开关的相对位置合理。也就是必须保证极限开关能被撞弓可靠地断开,且不被撞弓压(或碰)坏。

(3)弓形撞板的长度要满足要求。即在轿厢(或对重)压缩缓冲器的全过程中,极限开关始终处于工作状态。对于采用非自动复位的极限开关,可以不考虑弓形撞板的长度尺寸。

第十四节　补偿装置的固定

在电梯运行过程中,轿厢和对重的相对位置不断变化会造成曳引轮两侧钢丝绳自重差异,尤其是在提升高度较高的情况下,钢丝绳自重对曳引力和曳引机输出转矩的影响更大。为了消除这种影响,一般在提升高度较高的情况下(通常大于 30 m 时)加装补偿装置。设置补偿装置实际就是使电梯无论在什么位置,都不会因钢丝绳自身的重量差对曳引机的输出力矩产生影响,这就有利于选取功率较小的曳引电动机,以达到降低能耗的目的。

一、技术要求

1. GB 7588 — 2003 对补偿装置的规定

(1)补偿绳使用时必须符合下列条件:

1)使用张紧轮;

2)张紧轮的节圆直径与补偿绳的公称直径之比不小于 30;

3)张紧轮设置防护装置;

4)用重力保持补偿绳的张紧状态;

5)用一个符合安全触点要求的电气安全装置来检查补偿绳的最小张紧位置。

(2)若电梯额定速度大于 3.5 m/s,除满足上述的规定外,还应增设一个防跳装置。防跳装置动作时,一个符合安全触点要求的电气安全装置应使电梯驱动主机停止运转。

2. TSG T7001 — 2009《电梯监督检验和定期检验规划——曳引与强制驱动电梯》对补偿装置的规定

(1)补偿绳(链)端固定应当可靠。

(2)应当使用电气安全装置来检查补偿绳的最小张紧位置。

(3)当电梯的额定速度大于 3.5 m/s 时,还应当设置补偿绳防跳装置,该装置动作时应当有一个电气安全装置使电梯驱动主机停止运转。

二、补偿装置的分类

补偿装置按照其作用分为以下两种。

1. 单侧补偿法

补偿装置一端连接在轿厢底部,另一端悬挂在井道壁的中部,如图 3 - 14 - 1 所示。这种方法的补偿装置其对重的重量需加上曳引绳的总重量。

2. 双侧补偿法

轿厢和对重各自设置补偿装置,如图 3 - 14 - 2 所示,其安装方法与单侧补偿法基本相同。

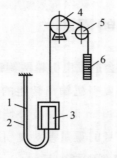

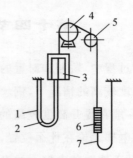

1—电缆；2—补偿装置；3—轿厢；　　　　1—补偿装置；2—电缆；3—轿厢；4—曳引轮；

4—曳引轮；5—导向轮；6—对重　　　　　5—导向轮；6—对重；7—补偿装置

图 3-14-1　单侧补偿法　　　　　　　　图 3-14-2　双侧补偿法

三、设计存在的不足

补偿装置在设计上存在以下不足。

1. 二次保护的固定不合理

在设计上为了确保补偿装置端部固定可靠,都采用二次保护的设计,但有的二次保护的作用不明显,甚至起不到二次保护的作用。

如图 3-14-3(a)所示,这种端部固定不科学的原因是,当 L 形支架与横梁的固定出现脱落时,二次保护就失去了作用,这种固定方式只能对 U 形螺栓的断裂起到二次保护的作用。当补偿装置的第一链环断裂时,就起不到二次保护的作用。

2. 二次保护的强度不足

二次保护的强度包括固定支架的强度、U 形环的强度、二次保护绳(链)的强度。

如图 3-14-3(b)所示,这是一种采用固定架的保护装置,支架与横梁的连接方式有焊接形式和螺栓连接两种形式。如果采用焊接形式,要保证焊接强度,防止焊缝(或焊点)开裂。如果采用螺栓连接,要防止单螺栓连接。当固定 L 形支架的螺栓连接强度低时,就会造成 L 形支架的脱落,进而导致补偿装置的脱落。

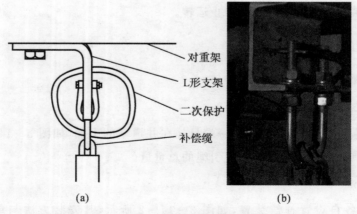

(a)　　　　　　　　　　　　(b)

图 3-14-3　固定不科学补偿装置

(a)固定不合理；(b)强度不足

二次保护绳（链）的强度与端部固定的强度不一致，即当一次保护失效时，二次保护不能承受补偿装置的重量而断裂。

四、端部固定可靠的设计原则

端部固定可靠合理的设计原则如下：

（1）二次保护不能与一次保护固定在同一结构件上；

（2）补偿装置端部固定的强度及二次保护装置（绳或链）的强度应能承受在电梯运行最不利情况下补偿装置产生的力。

二次保护固定点的设计一般采取以下两种方式。

1. 支架冗余设计

如图 3-14-4(a)所示，两个 L 形支架采用等强度设计，这样即使出现一个端部固定支架失效，另一个固定支架还能起作用。同时，避免二次保护支架的单螺栓连接。

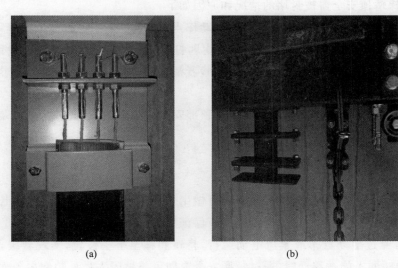

(a)　　　　　　　　　　　(b)

图 3-14-4　固定合理的补偿装置

(a)支架冗余设计；(b)不同部位固定

2. 不同部位固定

如图 3-14-4(b)所示，二次保护必须独立于一次保护之外。也就是，将二次保护的钢丝绳（或链）绕穿于轿底横梁，二次保护的钢丝绳（或链）从补偿装置的第二链（或第三）穿过，这样就可保证二次保护的可靠性。

第十五节　轿顶安全窗

电梯是否设置有轿顶安全窗在国家标准中没有强制性的规定，只能在订货合同中予以明确。设置轿厢顶部安全窗是为了方便、快速地解救轿厢内的被困乘客。对于多井道布置且能实现对接救援的电梯可以设置轿厢安全门的形式进行互相救援，但这种形式的电梯很少见。

轿厢顶部设置安全窗适合各种情况下的救援,且制造成本低,因而被大量采用。

一、轿厢安全窗设置的现状

从目前在用的电梯来看,有很多乘客电梯都没有安全窗,主要有以下几种情况。

1. 电梯出厂时未设置安全窗

电梯出厂时未设置安全窗的原因如下:

(1)标准没有强制要求。GB 7588 — 2003 规定"如果轿顶有救援和撤离乘客的轿厢安全窗,其尺寸不小于 0.35 m×0.5 m。"

(2)制造厂家为了节约成本。

(3)为了轿厢内的美观,轿厢顶部不设置安全窗便于对轿厢进行装修。

2. 电梯顶部的轿厢安全窗被封堵

对在用电梯轿顶安全窗被封堵的情况和原因如下:

(1)维护保养者为了减少电梯安全保护的动作点,便于进行日常的维护保养,将安全窗用焊接或螺栓连接的形式使得安全窗不能通过钥匙打开,同时将安全窗的电气验证开关拆除。对于这样的情况,使用单位、维护保养单位、检验者都认为轿顶安全窗的封堵不影响电梯运行的安全。

(2)使用单位对轿厢重新装潢后使得轿厢顶部安全窗也无法正常使用,这也是将轿厢安全窗封堵了。

二、设置轿厢安全窗的必要性

我国的电梯标准虽对轿厢设置安全窗没有做出强制的规定,但并不意味着电梯轿厢设置安全窗是可有可无的。轿厢设置安全窗是为了保证电梯困人时救援的双通道:①当电梯的轿厢能被移动时,通过手动盘车或紧急电动运行,将轿厢移至平层位置,实现救援,放出被困人员;②当电梯的轿厢不能被移动时,通过轿厢安全窗即可将被困人员从轿厢内救出。若轿厢未设置安全窗,就少了一个救援通道,势必给救援带来不便。

例如,2013 年 1 月 20 日,某小区 20 号楼 2 单元电梯的一根钢丝绳出现问题,导致其他的钢丝绳也扭到了一起,电梯无法移动,有 5 名男子被困在二层和三层中间。经过近 5 个小时的抢救,将轿厢升到三层后,才把人救出。

又如,2016 年 2 月 15 日,某小区发生了电梯曳引机的轴承被烧坏,电梯停止运行的故障。由于曳引机不能转动,加之该电梯又没有安全窗,采用盘车的方法不能将轿厢移至平层位置,只能采用破拆轿顶的方法进行救援,整个救援用了 3 个多小时。

从以上事故可以看出,在轿厢没有设置安全窗的情况下,当出现曳引机的轴承卡死、钢丝绳卡死、安全钳动作等故障使轿厢无法移动时,对轿厢内被困乘客实施救援相当困难,耗时也长。

因此,为了救援的方便性和及时性,电梯设置轿厢安全窗是十分必要的。不能将电梯的双通道救援变为单一通道救援;不能因为概率小就不设置轿厢安全窗;不能为了节省成本轿厢就不设安全窗;不能因为追求轿厢的美观与舒适,而忽视了救援的方便性和及时性。

三、验证

1. 安全窗的功能检验

(1)开启功能检验。

1)在轿顶不用钥匙能够从轿厢外开启安全窗；

2)在轿厢内只能通过三角钥匙开启安全窗。

(2)电气开关功能检验。安全窗开启后电梯不能运行。

2. 安全窗的最小尺寸检验

(1)将安全窗处于开启位置。

(2)用钢卷尺(或钢板尺)测量其内部净尺寸;安全窗的尺寸应不小于 0.35 m×0.50 m。

3. 安全窗开启方式及位置的检验

轿厢安全窗不能向轿厢内开启,并且开启位置不超出轿厢的边缘。

第十六节　井道安全门

在我国的电梯标准中,在一定的建筑设计环境要求下井道安全门是强制要求设置的。井道安全门一是为了救援方便而设置的救援通道,二是消防人员被困时逃生的通道,三是在井道内工作人员被困时的逃生通道。

一、技术要求

GB 7588 — 2003 规定:

(1)当相邻两层门地坎的间距大于 11 m 时,其间应当设置高度不小于 1.80 m,宽度不小于 0.35 m 的井道安全门(使用轿厢安全门时除外)。

(2)不得向井道内开启。

(3)门上应当装设用钥匙开启的锁,当门开启后不用钥匙能够将其关闭和锁住,在门锁住后,不用钥匙能够从井道内将门打开。

(4)应当设置电气安全装置以验证门的关闭状态。

二、须改进的设计

(1)井道安全门形同虚设,甚至带来更大的安全风险。建筑设计者在设计电梯井道时都会考虑井道安全门的开口位置,但是,目前在有的建筑物中就没有预留井道安全门的位置。有的建筑物中有井道安全门的位置,但井道安全门安装后,人员无法从外面通过安全门进出井道,因此从井道内出来的人有直接掉下的危险,如图 3 - 16 - 1 所示。这样设置的安全门不但起不到救援的作用,反而增加了安全风险,特别是对井道内工作人员的安全隐患更大。

(2)验证开关选型不合理。验证安全门关闭的开关不是安全触电型,当验证开关内的弹簧失效后,在安全门打开的情况下,控制系统的电源也不会断开。也就是,当井道安全门被打开后,验证开关的触点发生粘连时,开关不能被断开。出现这种情况的原因,大都是安装单位没有采用厂家通过型式试验的井道安全门。

(3)门锁选用不合理。有的电梯安装时采用的门锁在井道安全门打开后钥匙可以取下,在锁闭井道安全门时要把钥匙插上才能将安全门锁住,这不满足当安全门开启后不用钥匙能够将其关闭和锁住的要求。

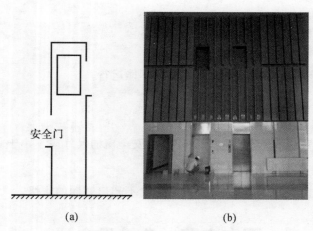

(a)   (b)

图 3-16-1　安全门图

(a)井道及安全门侧视图;(b)安全门实际图

三、层高超过 11 m 必须设置安全门的必要性

GB 4053.1—2009《固定式钢梯及平台安全要求　第 1 部分:钢直梯》中第 5.3.1 条规定:"单段梯高宜不大于 10 m,攀登高度大于 10 m 时宜采用多段梯,梯段水平交错布置,并设梯间平台,平台的垂直间距为 6 m。单段梯及多段梯的梯高均应不大于 15 m。"

根据人机工程学,大部分人的爬高体能是 10 m。在电梯的井道内只能采用单段直梯,斜梯和多段直梯是很难使用的,加之在非正常情况下人是比较容易恐慌的,这时人的爬高取 6 m 左右为宜。

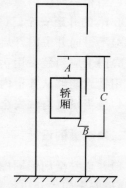

图 3-16-2 所示是轿厢停留在井道内救援的最不利位置。轿厢停留在距厅门地坎 1.25 m 以上,当护脚板距厅门地坎距离 B 为 0.5 m 左右时,从轿门救人就有坠入井道的危险。当轿厢护脚板的高度为 0.75 m 时,从轿顶救援就比较安全。

在这个位置(见图 3-16-2)时,轿厢护脚板距厅门地坎的距离 B 为 0.5 m,普通轿厢的高度为 2.3 m,当相邻两地坎之间的距离 C 为 11 m 时,轿顶距上层地坎的距离 A 为 7.45 m

图 3-16-2　最不利救援示意图

左右。在这种情况下救援时,救援平台有人接应,那么被困人员只要爬高 6 m 左右就能保证被安全解救。

四、科学的设计

(1)电气验证开关的选用。安全门的电气验证开关应选用安全触点式。

(2)门锁的选用。要保证井道安全门是可靠被锁住的,且在井道内不用钥匙能打开的要

求,在设计上采用的方法如下:

1)自动锁,也就是将门关闭到位后,锁销自动插入锁孔内的锁。

2)将军不下马锁。钥匙在锁开着的时候是拔不下来的,使得只有在锁闭位置才能取下钥匙。

(3)建筑物设计时要保证安全门的位置。安全门的位置要保证当井道内的工作人员外出时不能产生任何危险因素。

第十七节　无机房电梯轿顶作业场地

为了满足无机房电梯日常维护保养作业的需要,在井道内必须设置作业场地,有的设置于轿顶,有的设置于底坑,有的设置有专门的检修平台。目前,无机房电梯的作业场地设置在轿顶形式的居多。

一、井道内作业场地总要求及设置形式

1. 井道内作业场地总要求

TGS T7001—2009《特种设备安全技术规范》的附件 A 的第 7.1 项对井道内作业场地的总要求如下:

(1)作业场地的结构与尺寸应当保证工作人员能够安全、方便地进出和进行维修(检查)作业。

(2)作业场地应当设置永久性电气照明,在靠近工作场地入口处应当设置照明开关。

2. 井道内作业场地设置形式

(1)设在轿顶上或轿厢内的作业场地。

(2)设在底坑内的作业场地。

(3)设置专用平台的作业场地。

对于以上 3 种设置形式作业场地的具体要求在 TSG T7001—2009 的附件 A 的第 7 项的相应条款中都有明确的规定,在此不再赘述。

二、井道内作业场地设置存在的不足

(1)当轿厢被锁定后,维修人员站在轿顶接触不到曳引机和限速器,如图 3-17-1(a)所示。即轿厢顶的锁紧装置在锁紧后,轿厢与顶层电梯的门槛在同一高度位置,而轿顶检修平台到曳引机的距离 H 大于 2 m,甚至距离更大。

(2)当轿厢被锁定后,维修人员无法进出,如图 3-17-1(b)所示。即轿厢顶的锁紧装置在锁紧后,轿厢与顶层电梯的门楣基本处于同一高度,甚至在门楣高度以上,这样在轿顶作业的人员就无法进出。

(3)轿厢不能实现锁定。这种情况的出现是由于顶层空间比较高,曳引机相对也安装得比较高,轿厢快要到达锁定位置时,对重已经压在缓冲器上,轿厢不能继续向上移动。

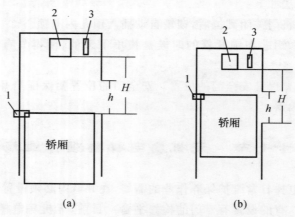

h—厅门高度；H—轿顶检修平台至曳引机的距离；

1—轿顶锁紧装置；2—曳引机；3—限速器

图 3-17-1　轿顶检修平台示意图

(a)轿厢与门槛同一高度；(b)维修人员无法进出

三、无机房电梯轿顶作业场地设置不科学的原因分析

1. 对 GB 7588—2003 的相关要求理解不到位

GB 7588—2003 对井道内设置作业场地虽没有明确的要求，但其第 6.3.2.1 条规定：机房应有足够的尺寸，以允许人员能够安全和容易地对有关设备进行作业，尤其是对电气设备的作业。工作区域的净高不应小于 2 m，且满足以下要求：

(1)在控制屏和控制柜前有一块净空面积，该面积应满足：

1)深度，从屏、柜的外表面测量时不小于 0.70 m；

2)宽度为 0.50 m 或屏、柜的全宽，取两者中的大值。

(2)为了对运动部件进行维修和检查，在必要的地点以及需要人工紧急操作的地方，要有一块不小于 0.50 m×0.60 m 的水平净空面积。

这就是 GB 7588—2003 对控制柜和曳引机的维修场地空间的具体要求。

2. 执行 TSG T7001—2009 时理解不到位

TSG T7001—2009 对作业场地的要求包括了以下几个方面内容：

(1)作业场地的大小。TGS T7001—2009 的附件 A 的第 7.1 项的总要求中明确规定：作业场地的结构与尺寸应当保证工作人员能够安全、方便地进出和进行维修(检查)作业。

TSG T7001—2009 的第 3.2 项规定：

1)在控制屏和控制柜前有一块净空面积，其深度不小于 0.70 m，宽度为 0.50 m 或屏、柜的全宽(两者中的大值)，高度不小于 2 m；

2)对运动部件进行维修和检查以及人工紧急操作的地方有一块不小于 0.50 m×0.60 m 的水平净空面积，其净高度不小于 2 m。

3)机房地面高度不一并且相差大于 0.50 m 时，应当设置楼梯或者台阶，并且设置护栏。

(2)进出作业场地的方便性。也就是当轿厢被固定后，工作人员能方便地进出作业场地。

(3)在作业场地上进行作业时的可达性。也就是当轿厢被固定后,工作人员站立在轿顶作业场地上能接触到所要修理和(或)保养的设备部位。

(4)在作业场地上作业时的安全性。如机械锁定、电气安全装置、护栏等要求。

四、顶层空间过高时作业场地的设置

当顶层空间过高时,采用轿顶作为作业场地就可能会出现对重压在缓冲器上的情况,被固定的轿厢无法满足可达性的要求。在这种情况下,就必须在井道内设置专用的作业场地,进入作业场地要通过检修门(或安全门),这样就可达到进出作业场地方便性的要求。

当井道内需要维护保养的部件高度距离大时,可以设置多个作业场地,每个作业场地的要求都必须满足检验规则对作业场地的相应要求。

综上所述,在对无机房电梯的作业场地进行检验时,必须把握以下几方面:

(1)要有多个作业场地。

(2)作业场地的设置形式合理。

(3)作业场地的大小符合要求。

(4)要有机械锁定装置。

(5)要有电气安全装置。

(6)要有安全防护装置(即护栏)。

(7)要有可达性。作业人员站在作业场地上能对控制柜、曳引机、限速器等进行检查和维修。

(8)设置在地坑的作业场地高度不小于 2 m。

(9)安装在导轨上的固定孔板固定的可靠程度及强度足够。

第十八节 停 止 装 置

停止装置也称为紧急停止装置,是为了对电梯维护保养人员实施保护防止发生意外而设置的一种安全装置。一般在机房、轿顶和底坑都应设置停止装置。

一、底坑停止装置

底坑停止装置也被称为底坑紧急停止装置,设置底坑停止装置的目的是为了保障在底坑作业人员进出及安全。

1. 技术要求

底坑停止装置在设计上的技术要求如下:

(1)停止装置应由符合安全触点要求的电气安全装置组成。

(2)停止装置应为双稳态,误动作不能使电梯恢复运行。

(3)停止装置应为红色。

(4)停止装置应设置在打开厅门进入底坑和站在底坑地面上容易触到的地方。

(5)在在停止装置上或其旁边应标出"停止"字样,设置在不会出现误操作的地方。

(6)如果有多个急停开关,则这些开关应串联。

(7)停止装置应是封闭的。

2．设置不合理的停止装置

从上面的技术要求可看出，对在轿顶设置的停止装置位置有操作方便性的要求，而对在底坑设置的停止装置没有操作方便性的要求，如图 3-18-1 所示，这种底坑停止装置，在人员进出底坑时不便操作，甚至无法操作，这不利于实际使用的安全。

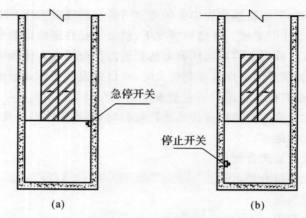

图 3-18-1　地坑停止装置示意图

3．科学的设置

除前面所述的技术要求外，底坑停止装置的设计还应遵循以下原则：

(1)停止装置应设置在从底坑通道门处触手可及的地方。

对于通过井道最底层门进入底坑的电梯，停止开关应设置在此平层位置的水平面上方约450 mm 处，且应在此楼层通道门处触手可及，并靠近底坑爬梯（如果有）。如果底坑深度超过1 700 mm，则要求在底坑地面上方约 1 200 mm 处靠近底坑爬梯的地方设置一个附加停止开关，附加停止开关应与其他停止开关串联。

这样设置的目的是防止作业人员在操作停止装置时坠入底坑，同时也是为了操作方便。

(2)如果多梯井道的底坑只有单独一个通道门，则每台电梯的停止开关应设置在距离通道门最近的相应底坑的进入处。

(3)双停止装置设置。当底坑较深时，为了保证底坑作业人员的安全，通常设置有高位停止装置和低位停止装置，确保人员在任何位置都能操作停止装置，如图 3-18-2 所示。

(4)设置停止装置时应防止被轿厢遮挡。

二、轿顶停止装置

轿顶停止装置的技术要求和位置要求与底坑停止装置相同，其位置应设置在距检修或维护保养人员入口不大于 1 m 的易接近位置。

三、机房停止装置

机房停止装置的技术要求与底坑停止装置相同，其位置应设置在曳引机附近、控制柜外部等易被发现和便于操作的地方。

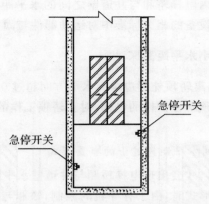

图 3-18-2　底坑双停止装置示意图

第十九节　轿厢距井道壁的距离

随着节能环保越来越受到人们的关注,为了提高建筑空间的利用率,电梯井道尺寸应尽可能小,电梯与建筑物既要有机结合,又不能影响电梯的安全运行,轿厢与井道壁之间的水平距离则成为关键因素之一。

有的电梯在安装完成后,轿厢与井道壁之间的水平距离过小,甚至有的仅为 5 mm 左右,给电梯的安全运行带来隐患。一方面,随着电梯的使用,导靴会出现磨损,在导靴严重磨损和(或)偏载情况下,轿厢在运行中会发生晃动,就可能造成电梯轿厢与井道壁相发生碰撞;另一方面,在轿厢顶进行作业的人员也有被挤压的危险。为了保证电梯运行在过程中以及轿顶作业人员工作时的安全性,轿厢与井道壁的最小安全距离就显得很重要。

一、技术要求

1. 国家电梯标准的相关规定

(1)对井道的尺寸在 GB/T 7025.1~3 中有相关的参考规定。

(2)GB 7588 — 2003 中只是对部分封闭的井道与运动部件间隙有规定,而对于全封闭的井道并无明确规定。但是,在对轿厢与相邻电梯运动部件的防护要求如下:

如果轿厢顶部边缘和相邻电梯的运动部件[轿厢、对重(或平衡重)]之间的水平距离小于 0.50 m,这种隔障应该贯穿整个井道,其宽度应至少等于该运动部件或运动部件需要保护部分的宽度每边各加 0.10 m。

(3)根据 EN81 国际标准化委员会的解释,轿厢与井道壁的水平最小距离由电梯设计厂家决定,而 EN81 并未涉及此距离的具体要求。

2. 其他行业标准的相关规定

(1)GB/T 10054—2005《施工升降机》规定,吊笼与侧面护栏的间距不应小于 100 mm。

(2)GB 10055—2007《施工升降机安全规程》规定,侧面护栏与吊笼的间距应为 100~200 mm。

从以上可以看出,关于室内电梯轿厢与井道壁之间的水平距离在现行标准中没有明确规定,而与室内电梯类似的升降设备的相关标准中对运动部件与固定部件之间距离有相应要求。

二、轿厢与井道壁之间最小水平距离探讨

GB 7588—2003 规定,当离轿顶外侧边缘有水平方向超过 0.30 m 的自由距离时,轿顶应装设护栏。这样一来,对于轿顶不设护栏的电梯,对在轿顶工作的人员就需要有一定的安全保护距离。

1. 出现轿厢与井道壁之间水平距离过小的布置形式

只有电梯采用对重侧置时,才会出现电梯轿厢与井道壁水平距离过小的情况,如图 3-19-1 所示。如果采用其他布置形式时,由于有导轨的限制,轿厢与井道壁之间的水平距离不会产生过小的现象。

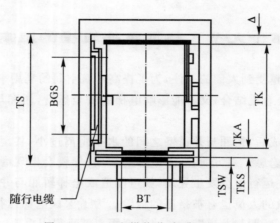

图 3-19-1 电梯井道(部分)平面图

Δ—轿厢后壁距井道壁的间隙;TS—井道深度;TK—深度方向上轿厢尺寸;

TKA—轿厢到厅门外的间隙;TKS—两地坎之间的间隙;TSW—轿门到厅门地坎的间隙

2. 根据人机工程学和相关标准规定的最小安全距离

电梯运行时的安全距离包括运动部件与运动部件、运动部件与静止部件之间的距离。在电梯的井道中工作的人员主要是维护保养人员,对其安全距离的要求主要是防止维护保养人员受到挤压伤害。维护保养人员在轿顶操作时应注意防护手部。

根据人机工程学和 GB 12265.1—1997《机械安全　防止上肢触及危险区的安全距离》的规定,防止手挤压的最小安全距离为 100 mm。如图 3-19-2 所示。

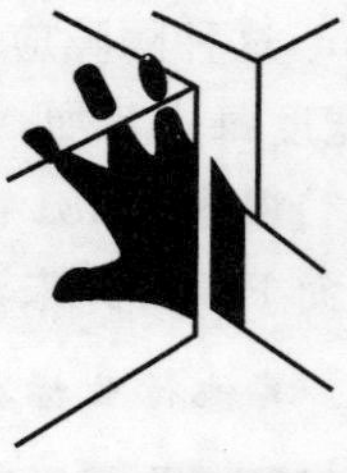

根据与室内电梯类似的设备施工升降机的标准要求,运动部件与固定部件的最小安全距离为 100 mm。

3. 电梯井道设计时的最小安全距离

电梯轿厢距井道壁的最小水平距离,是由电梯井道布置图设计时决定的。根据多家小井道电梯井道布置图的设计,可见其轿厢距

图 3-19-2 手(腕、拳)防

挤压示意图

井道壁之间的最小水平距离都在 120 mm。

根据以上分析,轿厢距井道壁的水平最小距离大于 100 mm 比较合理。这也是防止维护保养人员手(腕、拳)被轿厢和井道壁挤压的最小安全距离。

例:如图 3-19-1 所示,某电梯设计参数为 TS=1 750 mm,TK=1 400 mm,TKA=105 mm,TKS=30 mm,TSW=95 mm,则有

Δ =TS-TK-TKA-TKS-TSW=(1 750-1 400-105-30-95) mm=120 mm

虽然在设计上要求其间隙为 120 mm,但由于安装的偏差与井道的不规则,也能保证电梯轿厢距井道壁的水平最小距离大于 100 mm,从而保证了在轿顶工作人员的手不被挤压。

综上所述,电梯轿厢及其他运动部件距井道壁的距离至少应大于 100 mm。

第二十节 对重缓冲器越程距离

随着科技的发展及人们认识的提高,电梯对重越程距离从过去国标中的强制具体的统一要求变为一种隐含的要求,并且这一要求对不同速度的电梯,其量值要求也不同。

一、关于缓冲距离的规定

1. TSG T7001 — 2009《电梯监督检验和定期检验规则——曳引与强制驱动电梯》

TSG T7001 — 2009 中对缓冲器的规定如下:对重缓冲器附近应当设置永久性的明显标识,标明当轿厢位于顶层端站平层位置时,对重装置撞板与其缓冲器顶面间的最大允许垂直距离;并且该垂直距离不超过最大允许值。

TSG T7001 — 2009 中对极限开关的规定如下:井道上下两端应当装设极限开关,该开关在轿厢或对重(如有)接触缓冲器前起作用,并且在缓冲器被压缩期间保持其动作状态。

2. GB 7588 — 2003《电梯制造与安装安全规范》

GB 7588 — 2003 中规定,当对重完全压在它的缓冲器上时,应同时满足下面 4 个条件:

(1)轿厢导轨长度应能提供不小于 $0.1+0.035v^2$(m)的进一步的制导行程;

(2)符合"轿顶应有一块不小于 $0.12\ m^2$ 的站人用的净面积,其短边不应小于 0.25 m。"尺寸要求的轿顶最高面积的水平面,与位于轿厢投影部分井道顶最低部件的水平面(包括梁和固定在井道顶下的零部件)之间的自由垂直距离不应小于 $1.0+0.035v^2$(m)(v 为电梯的额定速度);

(3)井道顶的最低部件满足以下条件:

1)固定在轿厢顶上的设备的最高部件之间的自由垂直距离(不包括下面所述及的部件)不应小于 $0.3+0.035v^2$(m)。

2)导靴或滚轮、曳引绳附件和垂直滑动门的横梁或部件的最高部分之间的自由垂直距离不应小于 $0.1+0.035v^2$(m)。

(4)轿厢上方应有足够的空间,该空间的大小以能容纳一个不小于 0.50 m×0.60 m×0.80 m 的长方体为准,任一平面朝下放置即可。对于用曳引绳直接系住的电梯,只要每根曳引绳中心线距长方体的一个垂直面(至少一个)的距离均不大于 0.15 m,则悬挂曳引绳和它的附件可以包括在这个空间内。

GB 7588—2003 还规定：极限开关应在轿厢或对重（如有）接触缓冲器之前起作用，并在缓冲器被压缩期间保持其动作状态。

3. GB 50310—2002《电梯工程施工质量验收规范》

GB 50310—2002 规定：轿厢在两端站平层位置时，轿厢、对重的缓冲器撞板与缓冲器顶面间的距离应符合土建布置图要求。

从以上可看出，国标既对缓冲距最大距离做出了相应的规定，又对缓冲距最小距离做出了相应的规定。

二、目前规范存在的不足

根据以上的要求，在实际的工作中存在以下难度：

（1）TSG T7001—2009 的规定看似有很强的操作性，但是对所划线的科学性、合理性无法把握，其只对对重侧的缓冲距提出了要求，而对这一最大值的取值没有可依据的标准和计算方法。因此，操作性不强。

（2）GB 50310—2002 中的规定有操作性，但不科学。其要求是符合土建布置图的要求，而在资料审查时，如何判定其设计是否科学、合理并满足安全要求，对检验工作者来说，并无现成的理论计算方法。

（3）还有些资料的介绍虽然操作性强，但不科学且无理论依据。虽然给出了数值范围，但其科学性、合理性还有待商榷。

三、缓冲距对电梯安全性的影响

对缓冲距提出要求主要是为了保护轿顶的工作人员安全，即防止对重缓冲器完全压缩时，轿厢冲顶使轿顶工作人员受到伤害。保证轿顶人员安全的方法如下：

（1）使轿顶保持一定的空间，即使电梯上行失控，也不会造成对轿顶人员的伤害；

（2）保持对重缓冲距，以保证当电梯上行失控时，也不会造成对轿顶人员的伤害。

（3）在轿顶装设缓冲器。这一设计目前采用很少，在此不予讨论。

除此之外，为了保证电梯内乘客的安全，缓冲器在作用时也要能充分地发挥其作用，这也要求缓冲距要满足一定的要求。

四、缓冲距取值

图 3-20-1 所示，轿厢顶部间隙 H 应不小于对重缓冲器的越程 S 与缓冲器的总压缩行程之和，即

对重缓冲器的越程 $S \leqslant$ 轿厢顶部间隙 H － 缓冲器的总压缩行程

轿厢顶部间隙 H 应同时满足 GB 7588—2003 中要求的 4 个条件。

1、缓冲距的最小取值

缓冲距的最小值是保证在极限开关动作时，轿厢（或对重）不能接触缓冲器。即当轿厢（或对重）在接触缓冲器前，极限开关应该动作。如果距离过小就会造成缓冲器先保护动作，极限开关后动作的现象。若采用的是弹簧缓冲器，这时电梯不会切断主机电源，即使缓冲器已经被撞上，但电梯还在运行。

对重缓冲距的最小取值为

对重最小越程距离 S_{min} ＝轿厢平层时的缓冲距 S －轿顶极限开关被作用的距离 $\geqslant 0$

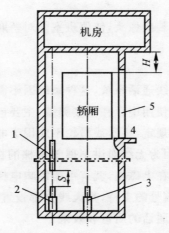

图 3-20-1　缓冲器安装示意图

1—对重;2—对重缓冲器;3—轿厢缓冲器;

4—顶层地面;5—层门;H —顶层高度;S —对重缓冲距

2. 缓冲距的最大取值

缓冲距的最大值是根据 GB 7588—2003 要求的 4 个条件的最小值和缓冲器的压缩行程决定的,即对重缓冲距的最大取值为

对重最大越程距离 S_{max} ＝轿厢在顶层端站平层时的顶部空间 H －

对重压缩距离－顶部空间允许的最小值

总之,缓冲器是电梯失控后安全保护的最后一道防线,只有对缓冲距进行科学、合理的取值才能发挥缓冲器应有的作用:不仅能保护轿顶工作人员的安全,也能保护轿厢内人员的安全。

第二十一节　紧急报警装置

紧急报警装置简称报警装置,其设置目的就是当电梯困人后,一是被困乘客可通过轿厢内的通话系统与外界救援服务联系;二是在救援过程中救援人员能随时与被困乘客进行联系,保证救援过程顺利。

一、技术要求

报警装置必须满足以下要求:

(1)报警装置应采用对讲系统;

(2)轿厢内的报警装置启动对讲系统后,被困乘客不必再做其他操作;

(3)其供电来自紧急供电或者等效电源;

(4)应在轿厢、机房(或者紧急操作地点)、紧急救援值班室等之间也设置对讲系统,俗称为

"五方对讲",即轿厢、轿厢顶部、机房、底坑、值班室。

此外,我国很多地区设立了电梯"96333"应急救援中心,这就要求轿厢内的通话也要与"96333"中心保持联系。

还有的地区要求在轿厢内加装摄像头,使值班室能对轿厢内的情况进行 24 小时监控。

二、须改进的设计

有的电梯应急报警装置是无线通话系统,这种系统因不需要有线连接,因而被很多的用户所采用。实际上这种报警装置在使用中存在很多弊端,主要包括以下几方面:

(1)根据 GB 7588 — 2003 的规定,机房或滑轮不应用于电梯以外的其他用途,也不应设置非电梯用的线槽、电缆或装置。因为无线对讲不属于电梯的标准配置范畴,所以,应视其为非电梯用的装置。无线信号传输存在电磁波,就有可能影响电梯的正常运行。

(2)无线通话装置需要无线信号的支持,其天线大都设置在电梯的机房,有的电梯机房信号很弱,甚至时有时无,难以保证通话的质量和效果。

(3)无线通话装置每月需要产生一定的费用,在欠费用的情况下就无法进行通话。

(4)当发生地震后的一段时间内,由于地磁瞬间的紊乱,也会造成无线通话不畅。

(5)无线对讲采用的电源未被列入电梯维护保养的内容,这样当其电源失效后,若电梯停电则无线对讲系统无法进行通话。

有些城市和地区要求在电梯轿厢内加装摄像头,由于有些电梯在安装时没有预留电源线和视频传输线,加装摄像头就存在一定的困难。甚至有的电梯摄像头的电源取自轿顶的插座,这样当电梯停电时摄像头也就停止了工作,也就无法对轿厢内的情况进行有效的监控。

三、科学的设置

1. 紧急报警装置的设置

为了保证通话的可靠性及效果,紧急报警装置应采用有线通信系统。

2. 视频监控装置的设置

(1)视频监控装置的电源应不受电梯主开关的控制。电梯加装的摄像头的电源应该取自应急电源或等效电源。这样就能保证即使电梯停电,摄像头也能观察到轿厢内的情况。

(2)采用有线传输。无线传输装置存在对电梯的电磁干扰,如果没有进行有效的电磁兼容试验,极有可能干扰电梯的正常运行。

(3)可紧急救援装置和视频监控装置一体设计,这样既可以有效地对被困乘客进行安抚,也可以指挥被困乘客进行有效的操作和正确的处置。

第二十二节　消防员电梯与具有消防返回功能的电梯

具有消防返回功能的电梯可以在火灾时迅速将正在运行的电梯强制性地返回至基站,确保乘梯人员的安全,而且该功能还能起到在火灾期间禁止其他人使用电梯以免发生危险的作用,可以减少部分财产损失和人身伤害。

消防员电梯是首先预定为乘客使用而安装的电梯,其附加的保护、控制和信号使其能在消防服务的直接控制下使用。消防员电梯的特殊要求在国家相关标准中已有明确的要求,在此不再赘述。

一、基站

1. 基站的概念

基站指轿厢无投入运行指令时停靠的层站。

2. 基站的设置

基站又被称为撤离层,必须设置在人员便于撤离建筑物的楼层。也就是说,基站应设在乘客撤离建筑物最近的地方,一般设于乘客进出最多并且方便撤离的建筑物大厅或底层端站。

3. 撤离层设置存在不足

电梯的基站不一定就是最低层站而应是便于乘客撤离的地方。

撤离层在设计上存在的不足如下:

(1)撤离层与基站不一致。

(2)撤离层位置设置不当。图3-22-1所示,这是一部只供地下使用的电梯安装示意图。当操纵消防开关后电梯不是自动返回到地面,而是到达地下负二层后停梯,这样的设置只是方便人员进出地下使用,一旦地下发生火灾,在操纵消防开关后,电梯不会自动返回停靠在地面,救援人员无法营救地下室的人员。

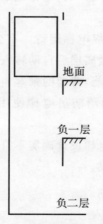

图3-22-1　仅供地下使用的电梯示意图

4. 科学合理的撤离层设置

撤离层的设置应根据建筑物的设计决定,必须设置在人员便于撤离的楼层,图3-22-1所示这种电梯的撤离层应该设置在地面层。

还有的建筑,如图3-22-2所示,根据这种建筑物的结构设计,其撤离层既可选择在1层也可选择在负1层。这两层距人员撤离建筑物的距离是一样的,但考虑到是为发生火灾时设置的紧急撤离层,建议设置在负1层较为合理,这样电梯停靠层站的烟雾较小。

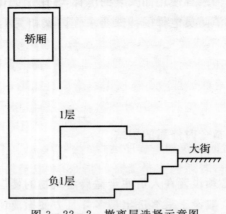

图 3-22-2　撤离层选择示意图

二、消防返回功能

1. 基本概念

消防返回功能又称火灾应急返回或火灾解困功能,是通过操纵消防开关或接收相应信号后,电梯将直驶回到设定楼层,进入停梯状态。

2. 不合理的设计

(1)消防返回开关采用钥匙控制。有一些电梯是采用钥匙开关,这样的设计无法保证在发生火灾时第一时间启动消防返回功能。

(2)启动消防返回开关后,还可操纵电梯运行。有少数电梯厂家为了增加卖点,添加了消防员操作功能,通常设定为消防返回撤离层后自动转入消防员操作状态。

消防员功能是消防电梯才有的功能,普通的乘客电梯的设计不能满足在火灾时的使用要求,若遇火灾时,将普通乘客电梯作为消防员电梯使用,将会发生更大的损失和人员的再次伤害。

对于目前在用的电梯,在确定该电梯设计确实不符合消防员电梯要求后,应将电梯的消防员功能屏蔽,防止误用而带来不良后果。

三、消防功能

消防功能又称消防员服务,是通过操纵消防开关使电梯投入消防员专用状态的功能。在该状态下,电梯将直驶回到设定楼层后停梯,其后只允许经授权的人员操作电梯。这是消防员电梯特殊的要求。

四、消防返回功能与消防功能的区别

1. 消防返回程序

电梯接到消防应急返回指令则按下列程序执行:

(1)所有候梯厅呼梯指令与轿内运行指令及已登记的运行指令均取消。

(2)唯有轿内开门和紧急报警系统保持有效，且反开门功能亦应失效。

(3)电梯应立即脱离群控或并联控制并单独执行应急返回运行。

(4)消防应急返回指令并不能优先检修控制状态与紧急电动控制状态，即不能自动切断该状态的操作，但机房与轿箱内的音响信号应立即连续鸣响，直至上述检修或紧急电动控制状态被取消。此时进入消防应急返回运行应不作校正运行而直接返回基层，此外对接操作与消防应急返回通常不会设在同一台电梯上，如有可能出现则按检修相同处置。

(5)机房与井道照明自动打开。

(6)当电梯处在不同位置时应按如下程序运行：

1)电梯在平层区，门关闭，若轿内人员无开门指令，则取消轿内外停层指令直驶基层站。若轿内人员持续按下开门指令门才打开，否则门会关闭。如门开启，反关门装置失效，执行关门，然后直驶基层站。

2)电梯在驶离基层站途中，则顺向就近停层不开门，此时如无轿内开门指令则迅速反向直驶基层站。

3)电梯正在驶向基层站，则中途不再停层。

4)电梯在基层站，则立即开门，当开门 15 s 后随即关门，此时除还能接受轿内（若还有人）开门指令外，电梯不接受任何指令。

对普通电梯如需配置所谓"消防功能"，即为消防应急返回功能，只能到此为止，切不能再增加继续操作运行，直到恢复正常才能操作运行。

2. 消防员电梯的消防操作

满足"消防员电梯"基本条件的电梯才能具备消防员电梯消防服务功能，该功能包括两个阶段，即消防员优先召回阶段与消防员控制下使用阶段。

(1)消防员优先召回阶段功能。消防员优先召回阶段与普通电梯配置的消防应急返回功能基本上类同，区别在位于基站的消防员操作开关应距电梯门水平距离 2 m 之内，高度为 1.8～2.1 m 之间，应用统一的消防员电梯象形图示出标记，并应用 GB 7588—2003 附录 b 规定的三角钥匙才能转动该开关，该开关为双稳态开关，"0"为正常运行位置，"1"为消防员服务位置。当开关接通消防员服务位置，电梯按上述消防应急返回相同功能迅速返回消防服务通道层，将门打开且保持开门状态，仅等候轿内消防员指令，不接受其他指令。消防员电梯无火警时是作乘客或客货电梯使用，所以消防服务通道层与基层站往往不是同一层，或者不是同一侧门，所以消防员优先召回阶段与普通电梯消防应急返回不同的是返回消防服务通道层与仅打开消防服务通道侧的门并保持开门状态。该阶段其他功能与消防应急返回相同，这里不再重述。

(2)消防员控制下使用阶段功能。消防员进入轿内用钥匙将消防开关转换到"1"时，该电梯进入消防员控制下使用阶段，其主要有以下功能：

1)轿内消防员钥匙开关应用消防员电梯象形图标示出，该开关处于"0"为正常运行状态，且只有当开关位于"0"时才能将钥匙拔出。

2)消防员操作运行仅在安全正常状态、正常运行范围内有效。

3)电梯仅能执行一个轿内选层指令，无论在停层或运行途中，当按下一个新指令后，原选定指令立即被取消，到达新指令层站后电梯停层不开门。

4)停层后,需持续按压"开门"按钮门才能开启,直至门完全开启后保持开门状态等候下一指令,如在完全开启前松开"开门"按钮,门立即自动关闭,同时安置在门上的反关门装置失效。

5)进入消防员操作,在轿内与消防服务通道层应能显示电梯位置的层站,而原已登记的选层指令应显示在电梯操作盘上。

6)当消防员电梯有2个入口时,其中消防服务通道层同侧门为消防员控制门,其轿内同侧设有消防员专用操作盘,进入消防员操作后该操作盘为唯一有效操作盘,而另一个侧门旁操作盘仅保存报警装置与持续按压开门,其他操作均失效。

7)当消防服务通道前厅与轿内的消防服务开关均恢复到"0"位时,电梯才恢复正常运行。其他外部输入信号仅能使消防员电梯优先召回消防服务通道层并保持开门。

8)当消防员电梯运行发生冲顶,蹾底或安全钳动作等故障时,紧急电动操作仍能优先于(即切断)消防员服务状态,可将电梯恢复至正常运行状态,此时机房与轿内警铃声持续鸣响,直至紧急电动操作终止。

9)进入消防服务状态,每台电梯均为独立运行状态,同一群组中其他任一台电梯的电气故障均不能影响消防员电梯运行。设在层站的呼叫装置及井道机房外电梯相关控制系统的电气故障也不能影响消防员电梯运行功能。

10)当消防员进入工作层区,将轿内钥匙置于"0"位将钥匙拔出带走,当然此时将保障该层消防员继续使用,此时,除工作层消防员可将电梯放回消防通道基层外,为防意外原因造成消防通道基层的消防员不能再使用电梯,应该保持消防开关有效,即将消防开关(基层)转至"0"位,稍等片刻,待电梯自动关门,再将开关转至"1"位,电梯立即执行优先召回消防通道基层,再用钥匙将轿内开关转至"1"位即可进入消防服务状态。

五、消防返回功能乘客电梯设计注意事项

消防员电梯与普通乘客电梯在设计上除了防水要求不同外,在电梯的结构和建筑物的结构设计上也有很大的不同,因此,在设计带有消防返回功能的乘客电梯时注意事项如下:

(1)撤离层的选择科学、合理;

(2)电梯都应有火灾时返回撤离层功能;

(3)仅有火灾时返回撤离层功能,禁止设计有消防员操作功能。

第二十三节 制动器的松开

驱动主机制动器的松开也称为驱动主机制动器的释放。松开制动器是电梯紧急救援的关键。紧急操作装置又称手动紧急操作装置。电梯设置紧急救援装置的目的就是当电梯出现故障或者发生停电时可以解救被困在轿厢内的人员。驱动主机制动器若不能松开就不能实现电梯的移动,也就无法将所乘电梯轿厢处于两层门之间的乘客解困。

一、技术要求

GB 7588 — 2003 对紧急操作装置有以下规定:

(1)装有手动紧急操作装置的电梯驱动主机,应能用手松开制动器并需要以一持续力保持

其松开状态。

(2)如果向上移动装有额定载重量的轿厢所需的操作力不大于400 N,电梯驱动主机应装设手动紧急操作装置,以便借用平滑且无辐条的盘车手轮将轿厢移动到一个层站。

(3)对于可拆卸的盘车手轮,应放置在机房内容易接近的地方。对于同一机房内有多台电梯的情况,如盘车手轮有可能与相配的电梯驱动主机搞混时,应在手轮上做适当标记。

一个符合电气安全装置规定的电气安全装置最迟应在盘车手轮装上电梯驱动主机时动作。

(4)在机房内应易于检查轿厢是否在开锁区。例如,这种检查可借助于曳引绳或限速器绳上的标记。

(5)如果盘车手轮力大于400 N,机房内应设置一个符合规定的紧急电动运行的电气操作装置。

二、紧急操作装置的结构形式

目前电梯的紧急操作装置分为手动操作、紧急电动运行和松闸溜车。

手动紧急操作装置包括:制动器松闸、手动盘车、电气安全装置。

紧急电动运行装置包括:转换开关、紧急电动运行控制电路、操纵按钮等。

松闸溜车包括:手动松闸装置、打破轿厢与对重平衡装置。打破轿厢与对重平衡装置的形式有轿顶放置重物、手拉葫芦等形式。

三、须改进的松闸装置

目前,电梯主机制动器松开的形式有手动机械式和电动式两种。以前的电梯无论是有机房电梯还是无机房电梯的主机制动器松开都是手动机械式,现在大量地出现了电动松开主机制动器的形式。其组合形式有以下几种:

(1)有机房电梯采用电动松开制动器,手动盘车移动轿厢;

(2)有机房电梯采用电动松开制动器,自动溜车;

(3)无机房电梯采用电动松开制动器,自动溜车。

紧急操作装置采用电动松开制动器的形式不科学。

四、电动松开主机制动器不科学的原因分析

电动松开主机制动器的形式的应用是对标准规定的"用手松开制动器并需要以一持续力保持其松开状态"一词的概念理解偏差,认为采用自动复位的按钮松开制动器也是符合"用手松开制动器并需要以一持续力保持其松开状态"的规定。

在紧急操作装置中采用电动松开主机制动器的形式存在以下不足:

(1)当操作按钮发生粘连时,手松开后电梯不会停止运行;

(2)当驱动主机制动器线圈烧坏后,电动松开主机制动器的操作无效;

(3)当驱动主机制动器铁芯卡阻,电磁力不能使主机制动器动作时,电动松开主机制动器的操作无效;

(4)当无电源供给或电压过低,电磁力不能使主机制动器动作时,电动松开驱动主机制动器的操作无效。

（5）电动松开主机制动器时，不能以可控的方式缓慢移动轿厢，轿厢可能出现较大的启动加速度和制停加速度。给轿厢内人员带来很大的冲击，甚至伤害。

综上所述，紧急操作装置松开制动器的方法应是手动机械方式松开驱动主机制动器，这样可以实现以可控的方式缓慢移动轿厢。一旦撤除手动力，制动器就应重新恢复其调定的最大制动能力。

第四章 自动扶梯和自动人行道安全性分析及设计改进

自动扶梯和自动人行道是连续运输乘客的设备,其都是用于人流量大的公共场所,如飞机场、地铁站、火车站、商场、旅游景点等。我国的客流量远大于国外的同类使用场合,容易出现拥挤等现象。自动扶梯和自动人行道的事故伤害的主要对象与乘客电梯不同,乘客电梯以安装、维护保养过程中的事故居多,自动扶梯和自动人行道运行时外漏的运动部件比较多,伤害的主要是乘客。为了将乘客受到伤害的风险降至最低,就必须从设计上提高自动扶梯和自动人行道的固有安全性。

本章对自动扶梯和自动人行道安全保护装置的安全性进行分析,并提出设计改进的建议和措施。

第一节 超速保护装置

一般情况下,自动扶梯和自动人行道的超速对乘客的伤害均发生在其下行时。造成自动扶梯和自动人行道超速的原因有驱动链断链、传动元件断裂、打滑、曳引机失效等。自动扶梯和自动人行道的超速是设备本身难以避免的问题。超速常发生在满载下行时,速度的加快会造成乘客在达到下出口后不能及时撤离,从而造成人员堆积,由此可能引发挤压和踩踏事故发生。

一、作用与原理

自动扶梯和自动人行道的超速是指运载乘客的梯级、踏板或胶带的速度超过了额定速度1.2倍,自动扶梯与自动人行道应停止运行。

自动扶梯和自动人行道的超速保护装置包括速度监测部分和执行部分。常见速度监测部分有机电式和感应式两种类型。

1. 机电式

机电式超速保护,一般是采用离心原理组成的一种超速保护装置,由速度监测装置与电气安全开关组成,大多是在驱动电动机的主轴附近安装有由离心平衡块、张力弹簧和调整螺栓组成的速度测量及触发装置,该装置与电气开关之间有一定的距离,当速度达到一定值时,离心力使离心平衡块克服弹簧力产生位移并使电气开关动作,切断电动机的控制电路及制动器的供电,使自动扶梯停止运行。

下述介绍几种具有代表性的自动扶梯离心式超速保护装置。

(1)设置在驱动主机变速箱高速轴上的超速保护装置,见图4-1-1,当电动机运转超速时,连接在驱动主机减速箱高速轴的甩块在离心力作用下,克服弹簧力向外甩出,触发超速开关工作,使驱动主机断电。

图4-1-1 设置在变速箱上的离心式超速检测装置

(2)设置在电动机主轴上的超速保护装置。如图4-1-2所示,当电动机运转超速时,连接在驱动主机轴上的连杆机构甩出触发超速开关,使驱动主机断电。

图4-1-2 设置在电动机主轴上的离心式超速检测装置

2.感应式

感应式又称非接触式,其原理是利用固定在自动扶梯某个运动部件附近的传感器检测该运动部件的运动速度,与设定值进行比较,若速度偏离则给出超速的信号,通过控制系统切断驱动主机及制动器的电源,使自动扶梯停止运行。

感应式速度监测装置同时具有超速检测和欠速检测的功能,当自动扶梯及自动人行道的运行速度出现异常时,控制系统使自动扶梯和自动人行道停止运转。

目前常见的几种具有代表性的感应式超速保护装置如下:

(1)设置在惯量轮上的超速保护装置。如图4-1-3所示,采用磁感或者光感元件,采样点取自惯量轮,用惯量轮的速度来判断自动扶梯和自动人行道是否超速。

图 4-1-3　设置在惯量轮上的磁感式速度监控装置

（2）设置在主驱动链上的超速保护装置。如图 4-1-4 所示，采用光电感应开关，采样点设置在主驱动链上，由此判断是否超速。

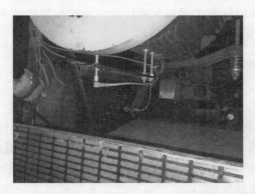

图 4-1-4　设置在主驱动链上的磁感式速度监控装置

（3）设置在梯级桁架上的超速保护装置。如图 4-1-5 所示，采用磁感应，测量点位于桁架内返回分支的梯级轮处，取实际梯级的运行速度来判断是否超速。

图 4-1-5　磁感式梯级速度监控装置

非接触式超速保护装置都不是安全触点型,因此,需要与安全电路或可编程电子安全相关系统(PESSRAE)一起使用才安全可靠。

二、须改进的设计

很多自动扶梯与自动人行道超速保护装置不合理的设计主要是超速保护装置不能真实地检测出梯级或踏板的超速,而是将控制系统的速度反馈装置与梯级或踏板的超速检测装置相混淆。控制系统的速度反馈装置检测出的速度与梯级或踏板是实际运行速度中间相隔传动轴、驱动链(皮带)、减速器等环节,控制系统的速度反馈反映的是驱动系统的真实速度,并非梯级或踏板的实际运行速度。

如图4-1-2~图4-1-4所示,属于控制系统的速度反馈装置,它只能反映驱动系统的运行速度,不能真实地检测出梯级是否超速。这几种超速保护装置的结构形式,只考虑了控制系统的超速,而没有考虑当梯级或踏板与驱动主机失去联系时(主驱动链、驱动轴、变速箱输出轴等断裂),由于自动扶梯和自动人行道的自重及乘客载荷情况下的下行产生的超速。

图4-1-5所示,这样的设置才能真实地反映自动扶梯与自动人行道的运行速度,真正地检测到梯级或踏板是否在运行时能超速。

三、超速保护与附加制动器

1. 附加制动器不可少

带有附加制动器的自动扶梯与自动人行道,当其检测到自身运行速度超时,在切断控制系统电源的同时,附加制动器也应该被触发动作,使自动扶梯与人行道停止运行。

对于不带附加制动器的自动扶梯与自动人行道,若是由于主驱动链的断裂造成梯级下行超速,即使切断了控制系统的电源,自动扶梯与自动人行道也不会停止运行。也就是说,只有超速保护装置的速度监测而无附加制动器作为执行元件,这样的设计只是能检测出超速但不能实现超速保护。

关于设置附加制动器的必要性有专门的叙述,这里不再赘述。

2. 超速检测信号的采集点要科学合理

如果超速检测信号的采样点选取得不科学,再灵敏可靠的保护装置也不能起到应有的保护作用。如图4-1-2~图4-1-4所示,采用这样的设置,当自动扶梯和自动人行道的梯级或踏板失去联系时,既使自动扶梯和自动人行道的梯级或踏板发生了超速,超速检测装置也不能检测到其超速运行,驱动主机既不会断电,也就不能触发附加制动器动作。

四、检验及验证

超速保护装置的检验及验证一般按照以下步骤和方法进行。

(1)超速信号采样点的选取要科学合理。目视判断,超速保护装置信号采样点是否能真实反映梯级或踏板的实际运行速度。

(2)超速保护装置的形式符合要求。若采用机械式,应判断电气开关是否符合安全触点的要求;若采用电子式,应判断是否采用了安全电路或可编程电子安全相关系统。

（3）性能验证。性能验证一般采用模拟试验进行：

1）专用检测仪器法。用专用超速保护装置检测仪,进行速度验证。

2）参数设定法,有以下两种方式：

①调整设定超速参数法,即人为将超速检测装置的设定值调整至额定速度的 5/6,启动自动扶梯或自动人行道,其应能自动停止运行。

②调整额定速度法,即人为将自动扶梯或自动人行道的的速度调整至额定速度的 1.2 倍,启动自动扶梯或自动人行道,其应能自动停止运行。

第二节　非操纵逆转保护装置

自动扶梯或倾斜式自动人行道设置非操纵逆转保护装置的目的是：当其在梯级、踏板或胶带改变规定运行方向时,可以自动停止运行,进而防止梯级的下滑使乘客受到伤害。

目前,常见的发生非操纵逆转的主要原因有以下几种：

（1）驱动主机失效或驱动能力弱。如超载向上运行,其负荷超过了电动机的承载能力。

（2）驱动主机与梯级或踏板失去联系,包括以下两种情况：

1）驱动主机轴断裂,变速箱轴断裂,主机移位。

2）电动机驱动链断掉、脱落。

（3）附加制动器未被触发,或未设置附加制动器。

一、技术要求

GB 16899 — 2011《自动扶梯和自动人行道的制造与安装安全规范》的第 5.4.2.3.2 条规定："自动扶梯和倾斜式自动人行道（$\alpha \geqslant 6°$）应设置一个装置,使其在梯级、踏板或胶带改变规定运行方向时自动停止运行。"

二、常见结构及工作原理

常见的非操纵逆转保护装置有机电式和光（磁）电式两种。

目前常见的逆转保护装置大多是通过自动扶梯或自动人行道速度监测装置采集信号,再与设定值比较,发现速度异常后,通过控制系统切断电动机和制动器的供电,实现防止非操纵逆转的保护。

1. 机电式

（1）机械摆杆式。图 4-2-1 所示是一种摆杆式逆转保护装置,属于机械式逆转保护装置。摆杆以端部的橡胶触头与驱动链轮侧面接触,并由压缩弹簧提供压紧力。当自动扶梯以白色箭头方向运转时,摆杆尾部使白色箭头方向的微动开关动作,表明自动扶梯是在正常方向运行；如自动扶梯逆转（按黑色箭头方向转动）时,摆杆尾部脱开（白色箭头方向）微动开关,使自动扶梯控制电路断开,附加制动器动作,紧急制动自动扶梯。这种装置可灵敏反应自动扶梯的意外逆转,主要出现在早期自动扶梯的设计中。

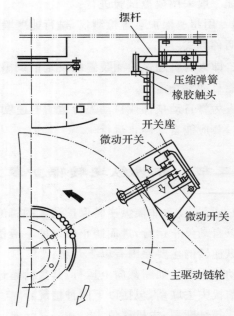

图 4-2-1 摆杆式防逆转保护装置

（2）顺序开关式。如图 4-2-2 所示，在桁架内装设两个顺序开关，当梯级肋边接近时顺序开关动作。在自动扶梯向上运行时，梯级肋边先经过顺序开关 1，后经过顺序开关 2（控制系统通过判断接近开关的先后次序来判断运行方向）；若发生逆转则梯级肋边先经过顺序开关 2，后经过顺序开关 1，此时，自动扶梯制动器和附加制动器动作，自动扶梯停止运行，反之亦然。

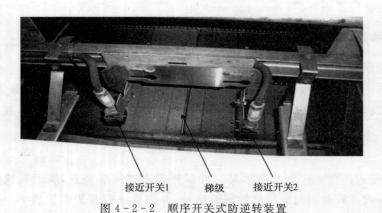

图 4-2-2 顺序开关式防逆转装置

（3）角位移式。图 4-2-3 所示是以梯级轮运行时触碰开关的角度方向来检测梯级的运行方向，这种结构比较简单，但由于两个梯级滚轮之间相距在 400 mm 以上，其检测的灵敏度相对较差。

还有一种角度开关式逆转检测装置，目前基本不采用，在此不做介绍。

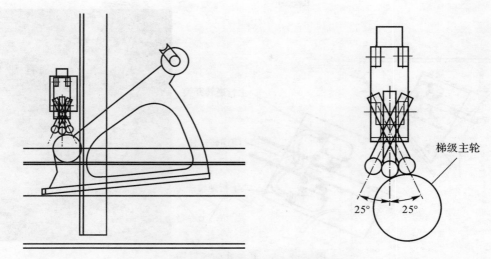

图 4 - 2 - 3 角度开关式防逆转检测装置

（4）摆杆式。如图 4 - 2 - 4 所示,该保护装置由一个带槽的滚轮和一个电气开关组成。自动扶梯运行时,管理滚轮在减速箱输出轴的带动下旋转,电气开关的连杆被压向一边,电气开关导通;自动扶梯向另一方向运行时,电气开关连杆被压在另一边,开关也是导通的。

如果自动扶梯在从一个方向转向另一方向时,连杆有完全陷入滚轮凹槽的过程,此时开关断开。因此,可以通过该开关的动作来切断安全回路电源,从而实现非操纵逆转保护。

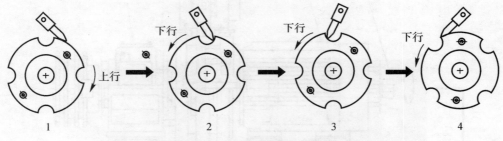

图 4 - 2 - 4 摆杆式防逆转装置

如图 4 - 2 - 5 所示,防逆转打杆与自动扶梯大链轮存在摩擦,当自动扶梯正常上行时,打杆逆时针转,自动扶梯正常下行时,打杆顺时针转,当自动扶梯在设定的向上方向运行时,下行开关断开,若此时自动扶梯由于某些原因发生了逆转,则上行逆转开关断开,下行逆转开关接通,主制动器和附加制动器动作,自动扶梯立即停止运行,反之亦然。

2. 光电式

光电式也称为非接触式,是目前采用最广泛的一种非操纵逆转保护装置。其工作原理是:通过检测梯级、踏板或胶带的运行速度与给定的运行速度进行比较的,实际上是一种速度监控装置。有的自动扶梯和自动人行道是通过欠速保护代替逆转保护,是因为梯级或踏板从正常运行到发生逆转,必定经过欠速的过程。常见的结构形式有以下几种:

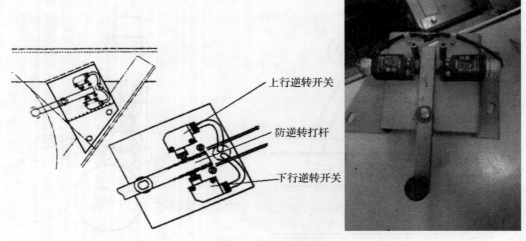

图 4-2-5　开关式防逆转图

(1)电机转速式。电机转速式防非操纵逆转装置的结构形式有以下两种：

1)非操纵逆转信号的采样点设置在电动机轴上,如图 4-2-6 所示。旋转编码器检测电机速度并和微机内的设定值比较来判断是否逆转。

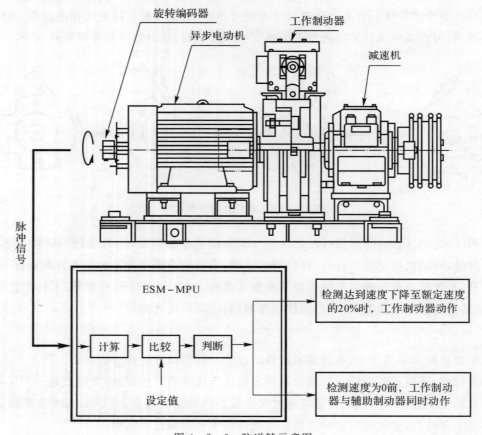

图 4-2-6　防逆转示意图

2)非操纵逆转信号的采样点设置在惯量轮上,如图 4-2-7 所示。采用光电感应或磁感应开关,防逆转装置的采样点位于惯量轮处的速度检测装置就不能完全起到防止非操纵逆转的检测作用。

图 4-2-7 磁感式速度监控装置

(2)主链轮速度式。如图 4-2-8 所示,用检测主链轮的速度实现非操纵逆转的保护。

图 4-2-8 非操纵逆转信号取自主链轮

(3)梯级链轮速度式。如图 4-2-9 所示,非操纵逆转信号的采样点取自梯级链轮的速度。信号采样点在梯级链轮上,上行的自动扶梯发生逆转变为下行时,安全开关动作,切断安全回路,有附加制动器的同时切断附加制动器电源。下行时该开关由下行接触器副触点短接。

(4)梯级速度式。把接近开关设置在梯级轮处的方式有两种,一种是设置一个接近开关,一种是设置两个接近开关,如图 4-2-10 所示,用检测梯级轮的速度实现非操纵逆转的保护。这种检测精度比较低。

如其中一种速度检测装置,它的传感器安装于自动扶梯主轨或返轨上,每台自动扶梯装有两对,对梯级轮进行扫描检查,产生两个与自动扶梯运行速度成正比的互相独立的脉冲信号。

如图 4-2-11 所示,用两个接近开关检测梯级辅轮,据此可以判断扶梯是否逆行。这种结构类似于机电式的顺序开关式结构。

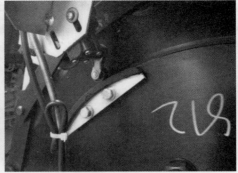

图 4 - 2 - 9 非操纵逆转信号取自梯级链轮

图 4 - 2 - 10 非操纵逆转信号取自梯级轮

图 4 - 2 - 11 非操纵逆转信号采样点取自梯级轮

三、非操纵逆转检测装置不合理的设置

电子式非操纵逆转检测装置实际上是一种电子式的速度检测装置,它与一般速度检测装

置的不同之处在于其检测点位置的设置。

电子式超速检测装置一般同时具备一定的逆转检测功能，但它不一定能起到非操纵逆转保护的作用。

1. 非操纵逆转信号的采样点设置在惯量轮上

如图4-2-7所示，此种设计的不科学之处在于：当主驱动链发生断裂或脱落时，自动扶梯和自动人行道的踏板（或胶带）实际上就出现了非操纵逆转。这时所检测到的速度信号为正常，电动机依然在正常工作，这样就不能及时防止自动扶梯和自动人行道逆转的危险发生，附加制动器也不会被触发动作。

若在传动系统中再增加一套防止主驱动链断裂的装置，则看似可有效防止非操纵逆转的发生。但这时若主机停止运转并且附加制动器工作该触发究竟是由主驱动链断裂后的电气装置触发的还是电动机欠速运行触发的就不得而知。这样就将双重保护变成了一种保护，或者是将主驱动链保护误认为是非操纵逆转保护。

总之，这种防逆转装置获取的信号并不是梯级（踏板）真实的运行方向和速度信号，是一种假的防逆转装置，也只能称为电动机的速度监控装置，供控制系统反馈信号使用。

2. 非操纵逆转信号的采样点设置在电动机轴上

如图4-2-6所示，旋转编码器检测电机速度并和微机内的设定值比较，如果检测到速度下降至额定速度的一定值（一般为80%）时，工作制动器动作，如果检测到速度为0时，工作制动器与附件制动器同时动作。

此种设计的不科学之处与采样点设置在惯量轮上的相同。

3. 非操纵逆转信号的采样点设置在梯级（或踏板）链轮处

如图4-2-9所示，用检测梯级或踏板驱动轮（链轮）的速度实现非操纵逆转的保护，这种检测精度比较高，但当梯级链发生断裂而出现逆转时，若逆转信号的采样点在梯级（或踏板）的主动轮处，则不能检测出梯级（或踏板）的逆转。只有当逆转信号的采样点取自梯级（或踏板）的从动链轮处时，才能检测到梯级（或踏板）的逆转。

四、科学的信号采样点设置

以下主要介绍几种常见的科学的非操纵逆转装置采样点位置的设置。

1. 将逆转的信号采样点设置于梯级（或踏板）轮处

图4-2-10和图4-2-11所示为用检测梯级轮的速度或时序实现非操纵逆转的保护的检测。如图4-2-10所示，是一种速度检测装置，它的传感器安装于自动扶梯主轨（30°自动扶梯）或返轨（35°自动扶梯）上，每台自动扶梯装有两对，对梯级的肋条进行扫描检查，产生两个与自动扶梯运行速度成正比的互相独立的脉冲信号。该装置组成的安全电路是一种附有多种监控功能的电路，可实施下列检测：

（1）起动检测：如果自动扶梯通电后一定时间内没有起动，则自动扶梯就会被制动；

（2）超速检测：如果自动扶梯的实际运行速度超过额定速度20%，则自动扶梯将会被制动；

（3）欠速检测：如果自动扶梯的实际运行速度低于额定速度80%，则自动扶梯将会被制动；

（4）运行方向逆转检测：如果自动扶梯的运行速度降到一定的程度，自动扶梯运行方向会发生逆转,以至造成危险,则上行自动扶梯将会被制动。这种用速度进行检测的精度比较低。

如图4-2-1所示,用两个接近开关检测梯级轮,两开关的间距为梯级节距的2/3。假定两个连续的轮经过同一开关的时间为3,则上行时A测到信号到B测到信号的时间为2,下行时A测到信号到B测到信号的时间为1,据此可以判断扶梯是否逆行。

2. 将逆转的信号采样点设置于梯级(或踏板)链轮处

把接近开关设置在梯级轮处的方式有两种。一种是设置一个接近开关;一种是设置两个接近开关。

图4-2-10、图4-2-11所示为用检测梯级轮的速度实现非操纵逆转的保护,这种检测精度比较低。这种结构设计有多种监控功能,如起动检查、超速检查、欠速检查、运行方向逆转检查等。

3. 顺序开关式防逆转保护

用梯级的运行顺序来检测是否逆转,这种结构是早期自动扶梯与自动人行道采用的一种形式,目前采用这种结构的比较少,如图4-2-2所示。

4. 摆杆式

摆杆式结构如图4-2-4所示。此结构简单,但对安装要求高,如果电气开关安装位置不当,或者电气开关的连杆调整不好,都会导致逆转保护失效。如:当电气开关安装位置不当,而自动扶梯发生运行方向改变时,开关连杆无法陷入凹槽,这样电气开关就会一直处于导通状态,从而导致非操纵逆转保护失效。因此,这种结构的非操纵逆转保护装置在装配和调整时,电气开关的动作位置和连杆与凹槽的相对位置至关重要。

综上所述,科学的非操纵逆转检测装置的采样点位置设置,要能真实地检测到梯级(或踏板的)实际运行速度,或能真实地判定出梯级(或踏板)的运行方向。也就是,非操纵逆转信号的采样点只有选取在梯级(或踏板)处时,才能真正实现对梯级(或踏板)是否真实地发生了非操纵逆转的检测。这样的设计才科学、合理。

五、验证方法

对非操纵逆转检测装置有效性的验证重点步骤如下。

1. 信号采样点选取的科学性、合理性

通过目视检查来判定其采样点的设置是否科学、合理。采样点要能真正地检测到梯级(或踏板)是否发生了运行方向的改变,否则,就认为设计不符合要求。

2. 动作可靠性

模拟试验。模拟试验的方法有以下几种:

(1)信号反接法。在自动扶梯或自动人行道正常运行时,将非操纵逆转的信号线拆掉或反接,若其停止运行或附加制动器(若有时)动作,则为符合要求。

(2)专用仪器法。使用专门的非操纵逆转检测仪进行试验其性能。

(3)断开主驱动链法。在自动扶梯或自动人行道正常运行时,人为使主驱动链断开(或使驱动主机与梯级链轮失去联系),若梯级停止运行则判定为符合要求。若有主驱动链断裂保护时,断链保护开关应予以短接。这是一种最科学的检验方法,但由于这种方法操作难度大,一般很少采用。

总之,非操纵逆转的检测信号的选取位置是主要的,也是关键的,这是保证功能实现的前提。如果其选取位置不科学、不合理,其性能再好的变化装置都是无意义的。这是最重要,也是最基本的,只有通过目视才能判断出功能是否可以实现,而通过任何仪器设备不能对其将要实现的功能做出正确的判定。因此,在将信号反接或用专用仪器设备进行检测时,如果非操纵逆转信号的采样点不正确,则检测结果就不正确。

第三节 扶手带速度监控装置

扶手带运行速度监控装置设置的目的就是防止扶手带速度过慢,将紧握扶手带乘客的手臂向后拉而摔倒。

一、技术要求

GB 16899 — 2011 规定:"每一扶手装置的顶部应装有运行的扶手带,其运行方向应与梯级、踏板或胶带相同。在正常运行条件下,扶手带的运行速度相对于梯级、踏板或胶带实际速度的允差为 0％～＋2％。应提供扶手带速度监测装置,在自动扶梯和自动人行道运行时,当扶手带速度偏离梯级、踏板或胶带实际速度超过－15％且持续时间超过 15 s 时,该装置应使自动扶梯或自动人行道停止运行。"

由于扶手带的运行与梯级或踏板的运行速比是由机械结构设计决定的,从设计上保证了扶手带运行速度要大于梯级运行的速度,但在使用中由于挤压和摩损导致其厚度减小,加之弹簧疲劳等原因导致其预压力减小,扶手带与其传动系统之间就会产生相对的滑移,从而导致扶手带运行速度滞后于梯级的运行速度。

二、工作原理

如图 4-3-1 所示,是一种扶手带速度检测装置示意图。一对滚轮上下压紧扶手带使其做同步运动,由传感器发出速度脉冲信号,与梯级的运行速度进行比较,当偏差超过允许值时,安全回路动作,设备停止运转。

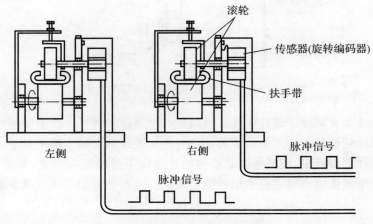

图 4-3-1 扶手带速度检测装置(一)

图 4-3-2 所示是另一种常见的扶手带速度检测装置。通过一个带有接近开关的扶手带滚轮,在滚动过程中产生脉冲信号来反映扶手带的运行速度。

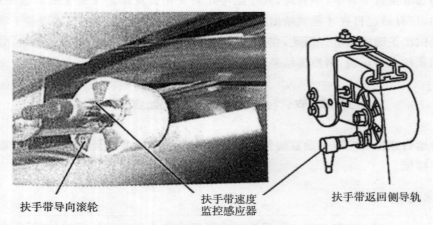

扶手带导向滚轮　　扶手带速度监控感应器　　扶手带返回侧导轨

图 4-3-2　扶手带速度监控装置(二)

三、扶手带速度检测装置的不合理设置

如图 4-3-1 和图 4-3-3 所示,这种形式的扶手带速度的偏离检测不合理之处在于,用驱动扶手带的主动轮速度判定扶手带速度是否偏离梯级、踏板或胶带的实际速度。

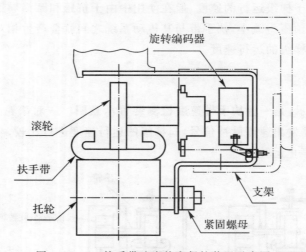

旋转编码器

滚轮

扶手带

托轮

支架

紧固螺母

图 4-3-3　扶手带速度偏离保护装置示意图

扶手带的速度主要取决于设计的梯级或踏板与扶手带的速比。扶手带滞后于梯级或踏板是由于压滚轮和托轮与扶手带之间的压力减小时产生的摩擦力减小而引起的。

从上面的设计可以看出,旋转编码器检测的并非扶手带的真实速度,而是主动轮的速度,当扶手带运行速度真正偏离时它是不能检测出来的。这种选取的采样点就不能真实地反映扶手带运行速度。

四、科学、合理的设计

科学、合理的扶手带速度监控装置设计主要包括以下两项。

1. 采样点的选取

采样点应设置在被测对象的位置,这样就能真实地反映被测对象的状态。若不能设置在被测对象的位置,那也要设置在靠近被测对象且能真实反映被测对象真实状态的位置。

科学的设计是将扶手带速度的采样点装设在从动轮处,如图 4-3-4 所示,用检测托轮的速度来代替扶手带的速度较为合理。这样检测到的速度是扶手带的实际运行速度,防止因扶手带速度的滞后而造成危害。

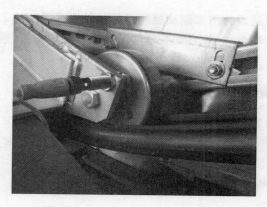

图 4-3-4　扶手带速度监控装置

2. 动作时间的设定

根据人机工程学及自动扶梯与自动人行道速度的计算可得:

(1)当自动扶梯与自动人行道的速度为 0.5 m/s 时,扶手带速度滞后偏差为 15% 时,其持续时间应不大于 9 s。

(2)当自动扶梯与自动人行道的速度为 0.75 m/s 时,扶手带速度滞后偏差为 15% 时,其持续时间应不大于 6 s。

为了确保安全,应当取扶手带速度滞后时,其持续时间应不大于 6 s。

五、验证

对扶手带速度检测装置有效性的验证步骤如下。

1. 采样点设置的科学合理性

目视判断。用肉眼观察扶手带速度偏离检测信号的采样点是否设置得科学、合理。采样点应取自从动轮处,若采样点采集到的数据为扶手带的实际运行速度,则判定其设置是科学合理的。

2. 性能检测

性能检测一般采用模拟试验的方法进行,其常用方法如下:

（1）方法一：松开压紧装置法。松开扶手带的压紧装置,使自动扶梯或自动人行道启动,待其运行至正常速度后,用手反方向拉拽扶手带使其滞后于梯级(或踏板)的运行速度15%以上,同时记录时间,若在6 s之内自动扶梯或自动人行道停止运行,则该保护装置有效。

（2）方法二：拆除检测线法。自动扶梯或自动人行道正常工作时,人为拆除扶手带旋转编码器的检测线,同时记录时间,若在6 s之内自动扶梯或自动人行道停止运行,则该保护装置有效。

模拟试验的验证方法,都是建立在扶手带运行速度的采样点科学合理的基础上的。

第四节　附加制动器

自动扶梯和自动人行道设置附加制动器的目的就是为了保证当工作制动器失效或驱动主机与梯级轮主轴之间失去联系时,使自动扶梯和自动人行道的梯级(或踏板)能可靠地减速,并保持在停止状态。

一、目前对装设附加制动器的要求

GB 16899 — 2011对装设附加制动器的要求如下：

（1）工作制动器与梯级、踏板或胶带驱动装置之间不是用轴、齿轮、多排链条或多根单排链条连接的；

（2）工作制动器不是机电式制动器；

（3）提升高度大于6 m。

附加制动器与梯级、踏板或胶带驱动装置之间应用轴、齿轮、多排链条或多根单排链条连接,不允许采用摩擦传动元件(例如:离合器)构成的连接。

所有公共交通型自动扶梯和倾斜式自动人行道,应设置一个或多个附加制动器。

附加制动器应能使具有额度载荷向下运行的自动扶梯和自动人行道有效地减速停止,并使其保持静止状态。减速度不应超过 1 m/s^2。

附加制动器应为机械式的(利用摩擦原理)。

附加制动器在下列任何一种情况下都应起作用：

（1）在速度超过名义速度1.4倍之前；

（2）在梯级、踏板或胶带改变其规定运行方向时。

二、附加制动器的组成

附加制动器由触发机构和执行机构两部分组成。

触发机构一般都是采用电磁式的结构。当电磁铁得到触发信号后,电磁铁带动附加制动器的执行机构动作。电磁铁的触发信号来源于安全保护装置采样点的信号。

执行机构采用机械式的结构,利用摩擦原理,为梯级、踏板或胶带的运行提供足够的制动力矩,使其减速停止下来并保持停止状态。

三、与附加制动器相关的安全保护

装设附加制动器不是取代工作制动器,而是在工作制动器无法对梯级实施有效制约时参与工作，或者二者同时工作，以实现对梯级的有效制约。

工作制动器不能对梯级链进行有效制约的情况有：

1）工作制动器失效或者制动力不足。即使工作制动器动作，也不能有效控制梯级链下滑。

2）梯级链与驱动主机和工作制动器失去联系，如驱动主轴断裂；主驱动链断裂。

3）控制信号出现错误。

与附加制动器相关的安全保护有：

1）非操纵逆转保护；

2）超速保护；

3）主驱动链断裂保护。

四、对标准不正确的理解

对标准不正确的理解主要是没有将双排链与多排链分清楚。双排链是含有两排并列滚子（或套筒）的链条（见图 4-4-1）。多排链是含有三排或三排以上并列滚子（或套筒）的链条（见图 4-4-2）。

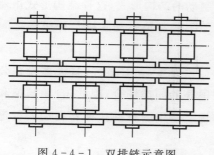

图 4-4-1　双排链示意图

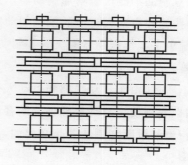

图 4-4-2　多排链示意图

目前，很多的设计者和检验者都将双排链误认为是多排链，而在设计上没有设置驱动链保护监测装置，这样就降低了自动扶梯或自动人行道的本质安全性，这不符合标准要求的设计。

即使自动扶梯或自动人行道在设计上采用了多排链，但是，多排链还是存在断裂的可能。如，2017 年 3 月 25 日，香港旺角朗豪坊商场"通天梯"逆行事故，就是三排主驱动链发生断裂所致，如图 4-4-3 所示。因此，为了提高自动扶梯或自动人行道的本质安全，无论驱动链采用的是单排链还是多排链，都应当设置驱动链监控装置。

图 4-4-3　多排链断裂图

五、装设附加制动器的必要性

(1)梯级链与驱动主机和工作制动器失去联系的风险不可避免。当驱动主机与梯级链轮主轴之间的传动机构由于链条断裂、松脱等原因失去联系时,即使安全开关动作,使驱动主机停止运转,工作制动器起作用,也无法使梯级、踏板或胶带停止运行。特别是在有载上行时,梯级、踏板或胶带将反向运转甚至超速向下运行,造成乘客失稳摔倒,或因人员堆积造成挤压和踩踏,从而引发伤亡事故。附加制动器就是用于防止上述危险情况的保护装置。

据统计,自动扶梯运行事故中逆转事故占到了9%,发生一次逆转事故造成乘客伤亡的人数远比挤压和剪切要多得多。

(2)使用自动扶梯和自动人行道的地方都是人流量大的场所。自动扶梯和自动人行道都是使用在人口密集的飞机场、火车站、地铁站、商场、旅游景区,因此,自动扶梯和自动人行道在一定的时间段内会出现满载的情况,只有使用带有附加制动器的自动扶梯和自动人行道才能使乘客的安全得以保证。

(3)双制动不能代替附加制动器。为了降低因工作制动器失效或者制动力不足带来的风险,自动扶梯和自动人行道的工作制动器采用了双制动的结构形式,这种结构形式虽然在很大程度上避免了工作制动器的失效和制动力的不足,但不能避免驱动主机与梯级链之间失去联系的风险。

综上所述,由于自动扶梯和自动人行道是连续运输设备,运客量大,且大多设在公共交通场合,加上我国使用自动扶梯场合的客流量远大于国外的同类场合,因此,自动扶梯和倾斜式自动人行道装设附加制动器是必要的,建议在公共场所使用的自动扶梯和自动人行道选用公共交通型。

第五节 主驱动链监控装置

设置主驱动链监控装置的目的是防止主驱动链断裂、从链轮上脱落而造成梯级或踏板运行方向的改变或超速,从而对乘客造成伤害。

主驱动链断裂保护与非操纵逆转保护和超速保护有一定的相关性,如果主驱动链断裂,梯级或踏板就失去与主机的联系和制动器的制约,就会造成自动扶梯的非操纵逆转或超速。

一、设置要求

国家标准对设置主驱动链监控装置并没有强制的规定,但为了防止主驱动链意外断裂的发生,标准对驱动链的设计作出了相应的规定。GB 16899—2011规定:工作制动器与梯级、踏板或胶带驱动装置之间的连接应优先采用非摩擦传动元件,例如轴、齿轮、多排链轮、两根或两根以上的单排链条。如果采用摩擦元件,例如:三角传动皮带时(不允许使用平皮带),应采用一个符合规定的附加制动器。

为了确保驱动链发生断裂而造成梯级或踏板的失控,在设计上需从两方面予以保证:

（1）从安全系数上保证。安全系数应不小于 5。

（2）从结构上保证。工作制动器与梯级、踏板或胶带驱动装置之间的连接应优先采用非摩擦传动元件，例如：轴、齿轮、多排链条、两根或两根以上的单排链条。若使用摩擦元件，例如：三角传动皮带时（不允许用平皮带），不应少于 3 根，且需要设计附加制动器，实现本质安全性。

虽然国家标准对设置主驱动链断裂保护装置没有强制要求，但只要设计有主驱动链断裂保护装置，就应使其起到应有的作用。其应有的保护作用如下：

（1）工作的可靠性；

（2）工作的有效性。

主驱动链监控装置与附加制动器是配套使用的，缺少任何一个都不能实现本质安全性。即根据 GB 16899—2011 的要求，凡是需要设计附加制动器的，就必须要有主驱动链监控装置，这样才能实现本质安全性。

二、常见结构与工作原理

常用的驱动链监控装置有机械式和电子式两种。

图 4-5-1 所示是一种常见的机械式驱动链监控装置。滑块在自重的作用下搭贴在驱动链上，当链条因磨损伸长而下沉超过允许范围或驱动链断裂时，滑块使安全开关动作，驱动主机电源被断开，制动器制动，同时触发附加制动器。

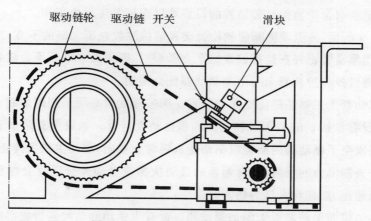

图 4-5-1　机械式驱动链监控装置

图 4-5-2 所示是一种电子式驱动链监控装置。接近开关安装在距离驱动链 4～6 mm 的位置，对准驱动链，当驱动链脱离接近开关监控时切断自动扶梯控制电路，同时触发附加制动器（如果有）。

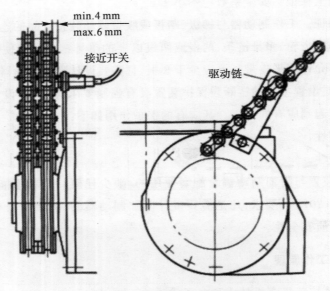

图 4 - 5 - 2　电子式驱动链监控装置

四、须改进的设计

常见主驱动链断裂保护监控装置存在的不足如下：

(1)主驱动链断裂保护监控装置位置的设置难以保证其可靠地工作。

如图 4 - 5 - 3 所示，将驱动链断裂和松弛装置的检测放在驱动链的下方，这种结构形式设计的缺陷在于，当驱动链正好在监控位置的上方断裂时，断裂的链条就不会碰到监控装置。

(2)主驱动链监控保护装置未与附加制动器配合使用。

1)有附加制动器无主驱动链监控保护装置。国家标准对必须采用附加制动器的情况有明确的规定，但是没有包括 6 m 以下的自动扶梯和自动人行道。如果没有附加制动器的自动扶梯和自动人行道发生了驱动链的断裂或驱动链从链轮上脱出，驱动主机虽停止了运转，但是梯级或踏板还是失去制动力的限制，载有乘客的自动扶梯或自动人行道就会在重力的作用下发生非操纵逆转或超速，造成对人员的伤害。

2)有主驱动链监控保护装置无附加制动器。设有主驱动链监控装置就必须加装附加制动器，否则就失去驱动链监控的意义。正在运行的自动扶梯或自动人行道的驱动链发生断裂或驱动链从链轮上脱出时，即使驱动主机停止了运转，此时的梯级或踏板就失去制动力，载有乘客的自动扶梯或自动人行道就会在重力的作用下发生非操纵逆转或超速，造成人员的伤害。

可以看出，主驱动链监控保护装置只有与附加制动器配合使用才有意义，才能保证自动扶梯的本质安全性。

(3)电气安全装置的不合理之处：

1)电气安全装置采用的不是安全触点。

2)机械动作卡阻，或断开电气触点的重力过小，不能使电气安全装置动作。

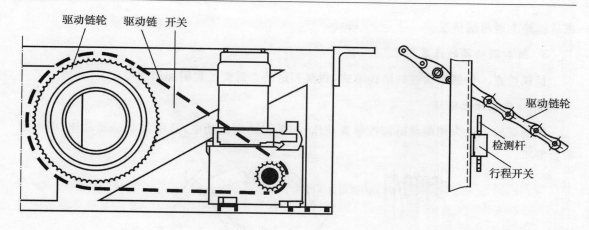

图 4-5-3　打杆式驱动链监控装置

图 4-5-4 所示是香港通天梯驱动链监控装置示意图,这种结构看似符合安全触点的要求,但是,当驱动链断裂时,由于四面滑块的重量不足,或弹簧失效,或四面滑块运动不灵活时,电气安全保护装置就不会动作。

五、检验及验证

对驱动链监控装置的检验与验证步骤如下:

1. 主驱动链监控装置的设置判定

目视检查。根据驱动链的结构形式,观察并判断是否需要设置主驱动链监控装置。

2. 主驱动链监控装置合理设置的判定

目视检查。观察判定驱动链监控装置的位置是否科学,能否可靠检测到主驱动链的断裂或从链轮上脱出的情况。

3. 附加制动器的设置判定

目视检查。根据驱动链的结构形式,观察判定是否需要设置附加制动器。

4. 功能及性能验证

现场试验。人为使驱动链监控装置动作,如果驱动主机断电,且附加制动器动作,则判定符合要求。

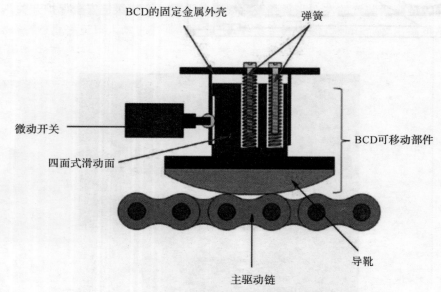

图 4-5-4　香港通天梯驱动链监控装置示意图

第六节　梯级链伸长或缩短保护装置

设置梯级链缩短或伸长保护装置的目的是防止梯级链的磨损或断裂,防止梯路导轨上有异物进入,同时,保证两侧梯级链运行的同步性。梯级链缩短时,将造成梯级在转向站过渡时互相碰撞,造成梯级的损坏;梯级链伸长时,将造成梯级与梯级之间的间隙过大,会给乘客造成伤害。

一、技术要求

GB 16899—2011 规定:梯级和踏板的驱动链条应能连续地张紧。在张紧装置的移动超过±20 mm 之前,自动扶梯和自动人行道应自动停止运行。不允许采用拉伸弹簧作为张紧装置。如果采用重块张紧时,一旦悬挂装置断裂,重块应能安全地被截住。

由此可见,梯级链保护开关都是设置在自动扶梯的下端站,左右各一个,一般都是对称设计。

梯级链伸长和缩短安全保护开关的设计必须符合以下要求:

(1)采用安全触点型。其目的是保证梯级链伸长或缩短时,电气能可靠断开;

(2)故障锁定功能,或称非自动复位型开关。其目的是保证当触发后电气安全装置不会被重新接通,使自动扶梯或自动人行道重新自动启动。也有通过安全电路实现故障锁定功能的,这样就可以采用自动复位的开关。

(3)触发电气安全装置的机构应确保电气安全装置既能动作又不使电气安全装置被压坏。

二、常见结构与工作原理

梯级链伸长或缩短保护装置又称为梯级链保护开关或梯级链张紧开关(见图4-6-1),通常是在梯级链张紧装置的左右张紧弹簧两端部各设置一个梯级链安全保护开关。当张紧装置的前后移位超出20 mm时,保护开关动作,使自动扶梯或自动人行道停止运行。

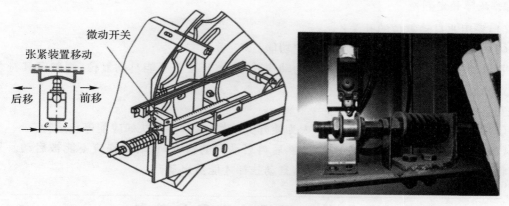

图4-6-1　梯级链保护开关

三、主要作用

梯级链伸长和缩短保护装置检测的内容如下:

(1)梯级链磨损。当梯级链因磨损伸长超出允许范围时,张紧装置在弹簧力的作用下后移,使电气开关动作,自动扶梯停止运行。

梯级链磨损产生的影响如下:

1)会导致两个相邻梯级之间的间隙超过规定的要求;

2)会使梯级链的强度下降,如果梯级链发生断裂,将会发生非操纵逆转。

(2)梯级链断裂:当自动扶梯左右两侧的其中一条梯级链发生断裂时,张紧装置会后移,使电气安全装置动作。一般极少发生两条梯级链同时断裂的情况,当发现一条梯级链断裂时,自动扶梯还可以实现有效的制动,防止另一条梯级链也发生断裂而使自动扶梯发生下滑。

(3)梯级运动受阻:若自动扶梯发生意外,梯级碰撞梳齿,不能正常进入回转段时,梯级链将受到异常拉力,张紧装置就会前移,使电气安全装置动作。

四、检验与验证

图4-6-1所示,其验证步骤及方法如下:

1. 判定是否属于安全触点

(1)打开开关盒盖,观察其接线位置,应是接常闭触点。

(2)人为动作开关,并用万用表测量判断,其接线应是常闭触点。

2. 动作距离判定

上行移动的距离 h 必须满足,能使开关可靠动作,且不至于将开关压坏。

水平移动距离 e 和 s 必须满足均不大于 20 mm 的要求。

3. 功能判定

人为使开关动作,启动自动扶梯,应不能被启动;自动扶梯正在运行时,人为使开关动作,这时其应能停止运行。

4. 故障锁定判断

(1)采用非自动复位的开关;

(2)通过安全电路来实现其工作锁定功能。

非自动复位的开关形式的判断:人为动作开关后,开关若不能自动复位,则判定其符合故障锁定功能。

安全电路有效性的判断:

(1)启动自动扶梯待运行正常后,人为使开关动作,这时自动扶梯应能停止运行;

(2)断开停止运行自动扶梯的电源,然后再启动自动扶梯,自动扶梯应不能被启动。只有人为将控制柜上的故障复位开关动作后,自动扶梯才能被启动。

第七节 梯级缺失保护装置

设置梯级缺失保护装置的目的就是保证梯级工作面不能出现可能导致人员下陷的空洞,防止对乘客造成伤害。在正常使用中梯级会发生断裂,在维修保养过程中梯级有可能被拆下,如果在梯级缺失的情况下设备正常运行,则存在乘客跌入并被剪切的风险。因此,需要设置梯级缺失检测装置。只要缺失的梯级或踏板从下分支转到上分支且在出上、下梳齿板前,自动扶梯应立即停止运行。即:梯级缺失装置应确保缺失梯级或踏板不能出现在可见的工作区域。

一、梯级缺失检测装置的设置要求

GB 16899 — 2011 规定:"自动扶梯和自动人行道应能通过装设在驱动站和转向站的装置检测梯级或踏板的缺失,并应在缺口(由梯级或踏板缺失而导致的)从梳齿板位置出现之前停止。"

梯级缺失检测装置的设置位置必须依据自动扶梯与自动人行道的制动距离而定,也就是,检测缺失的位置距梳齿板的距离要大于其制动距离,如图 4 - 7 - 1 所示。

常见自动扶梯踏板的踏面尺寸为 400 mm,GB 16899 — 2011 规定,在空载和有载情况下的最大制动距离不大于 1.7 m。因而,梯级缺失检测装置的设置位置到达梳齿板的距离为 1.7 m,也就是从梳齿板算起第 4 或第 5 个梯级的位置较为适宜。

若其检测位置距离梳齿板的距离小于制动距离,则会出现当检测到梯级缺失后,自动扶梯停止运行,缺失梯级的空洞就会出现在可见的工作段。

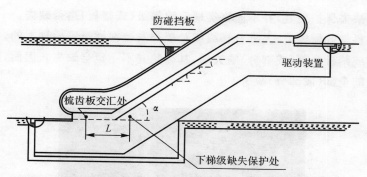

图 4-7-1　梯级缺失检测装置与梳齿板的位置关系示意图

二、常见结构及工作原理

常见的梯级检测装置结构形式有以下几种：

（1）机电式，也称接触式。安装在桁架内，用弹簧杠杆顶住梯级，当梯级缺失时杠杆带动电气开关动作。这种结构只能实现梯级局部缺失的检测，还是有风险存在。这种结构已很少采用。

（2）光电开关式，也称非接触式。按照其安装位置分为桁架内和转向站（驱动站）两种形式，如图 4-7-2 所示。

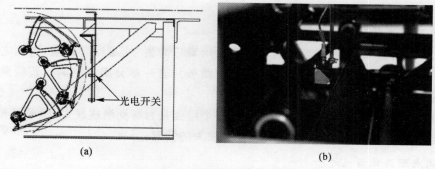

(a)　　　　　　　　　　　　　　　　　(b)

图 4-7-2　梯级缺失监控设置图
(a)桁架外设置的光电开关；(b)桁架内设置的光电开关

无论采用哪种结构形式，其采样信号都与安全回路连接。其工作原理是，该装置对通过驱动站和转向站的梯级进行扫描检测，在发现有梯级缺失（或出现孔洞）的情况后给出停止运行的指令，保证缺少的梯级不能运行到工作分支上。其设置位置都是在靠近驱动站和转向站各设一组。

机械开关式由于安装调试费时，因此，目前较少被采用。而光电开关式是目前常采用的一种形式。

三、梯级缺失检测装置不合理的设置

1. 以梯级滚轮的缺失判断梯级的缺失

如图 4-7-3 所示，梯级滚轮属于梯级的一部分。这种将梯级（踏板）的滚轮是否存在作为梯级(踏板)的缺失保护装置,并不能真实地反映梯级(或踏板)是否缺失。

这种设置不科学的原因是,大部分梯级或踏板是安装在梯级滚轮轴上的,当自动扶梯和自动人行道的梯级或踏板全部(或部分)缺失后,其滚轮并不一定会缺失。因而,这并不能真实地反应梯级或踏板的全部(或部分)缺失。

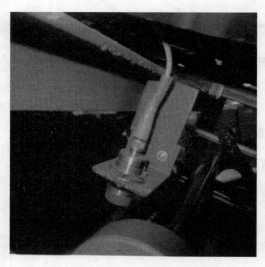

图 4-7-3　不合理的梯级(踏板)缺失保护

2. 以点代面来判断梯级的缺失

梯级大都是铸造成形的,在制造过程中就会出现应力集中、疏松等缺陷,再加之梯级在使用过程中的受力不均匀,这样就可能出现梯级或踏板只有一部分出现空洞。若检测点的设置不能检测出缺少的空洞,就会给乘客带来危害。

因此,建议使用线扫描式的装置检测梯级整个踏面是否有孔洞或缺失,即采用光幕形式检测结构就能检测出梯级或踏板部分缺失和整个缺失的情况。

3. 检测点距离梳齿板过小

梯级或踏板的检测点距梳齿板的距离应大于自动扶梯或自动人行道的最大制停距离。若检测点距梳齿板的距离小于自动扶梯或自动人行道的最大制停距离,则缺失梯级的空洞就会出现在可看见的区段,给乘客带来危险。

四、验证

对梯级缺失装置检测有效性的验证步骤如下:

(1)目视。判定梯级缺失设置的位置是否科学,其设置位置要能真正反映梯级踏板的缺失和损坏。

(2)检测位置测量。用钢卷尺测量其检测位置距梳齿板的距离,应略大于其制动距离。

(3)模拟试验。拆除一个梯级或踏板,将缺口运行至下直线段上、下检测采样点之间,正常启动设备运行,在缺口到达梳齿板位置之前,设备应能停止运行。上、下行都要验证。

第八节 扶手带出入口保护装置

设置扶手带出入口保护装置的目的是防止人的手指被移动的扶手带扯入而受到伤害,或有异物被扶手带卷入造成自动扶梯或自动人行道故障,甚至损坏。

另一种出入口的保护装置是防止小孩被卷入扶手带与底板之间,造成伤害。这种设置不是通过电气装置来实现,而是通过结构设计来保证的。

一、技术要求

GB 16899—2011 对扶手带出入口的要求如下:

(1)扶手带在扶手转向端入口处的最低点与地板之间的距离 h_3 不应小于 0.1 m,也不应大于 0.25 m(见图 4-8-1 和图 4-8-2)。

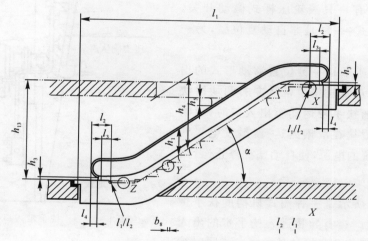

图 4-8-1 自动扶梯侧示图

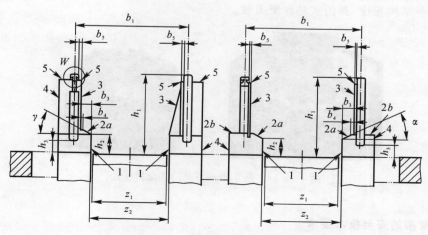

图 4-8-2 自动扶梯出入口示意图

(2)扶手转向端顶点到扶手带出入口处之间的水平距离 l_4 应至少为 0.30 m(见图 4-8-1)。如果 l_4 大于(l_2-l_3+50 mm),则扶手带进入扶手装置时,与水平方向的夹角应至少为 20°。

(3)在扶手转向端的扶手带出入口处应设置手指和手臂的保护装置,并应设置一个符合规定的安全装置。

其中,技术要求的(1)是防止人的手或异物在扶手带进入扶手装置处被拖入,技术要求的(2)和(3)是防止人员在地板和扶手带之间被夹住。

二、工作原理

保护开关安装在自动扶梯的 4 个扶手端部的扶手带出入口处,该装置有位置移动式和开门式两种。无论哪种结构形式其工作原理都是使一微动开关动作,切断控制系统的电源,使自动扶梯停止运行。

1.位移式

该装置中含有一只滚轮压杆式微动开关。该开关有两种形式:一种是非自动复位型,另一种是自动复位型。

图 4-8-3 所示是一种位置移动形式的出入口保护装置。正常时扶手带从左右两块滑块中穿过,当异物随扶手带运动至出入口时,异物将会触发滑块,滑块在滑槽内运行,触发电气开关,切断控制系统的电源,使自动扶梯停止运行。

2.门式

图 4-8-4 所示是一种门式机构的扶手带出入口保护装置。当有异物进入扶手带的出入口时,包围扶手带的两扇门的其中之一或同时被打开,触发门后安装的开关动作,控制系统断电,自动扶梯停止运行。

以上两种结构相比,开门式动作更灵敏。

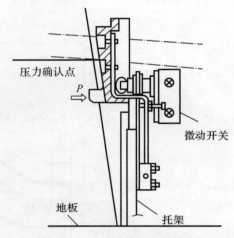

图 4-8-3 扶手带入口保护装置

图 4-8-4 扶手带入口处门式保护装置

三、待商榷的安全技术要求

为了保证扶手带入口保护装置的动作可靠性和保护功能的有效性,需要商榷的问题如下。

1. 保护装置的动作力

目前,大部分自动扶梯和人行道扶手带出入口保护装置的设计都是通过一连杆机构带动电气开关来实现的,然而,其动作力却被忽视了。为了防止安全事故的发生,有资料显示当扶手带出入口保护装置的动作力为 30~50 N 时,能使微动开关动作,使自动扶梯或自动人行道停止运行。

2. 防止人员被卷入扶手带与地板之间的保护

虽然 GB 16899 — 2011 对防止人员在地板和扶手带之间被夹住的危险做了相应的规定。但是这种危险仍然时有发生,这就不得不引起我们的关注和研究。

四、防止人员被卷入扶手带与底板之间的措施建议

1. 加设阻挡装置

为了防止人员被卷入,在自动扶梯和自动人行道的扶手带与底板之间可设计一阻挡装置(见图 4 - 8 - 6)。

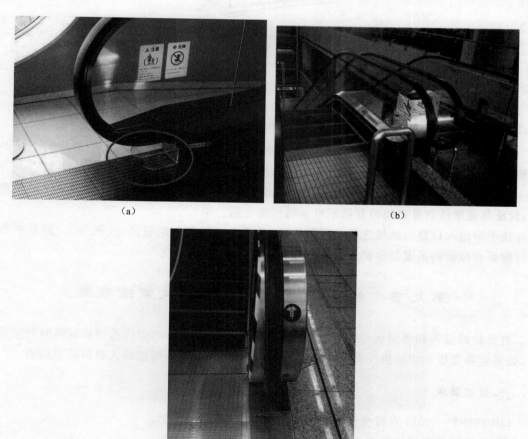

(a)

(b)

(c)

图 4 - 8 - 6　扶手带出入口的阻挡装置

(a)透明盒式阻挡装置;(b)门式阻挡装置;(c)块式阻挡装置

2. 提高保护装置的灵敏度

提高扶手带出入口保护装置的灵敏度,当有异物被卷入时,自动扶梯就立即停止运行。

3. 改变防护设计

可以将扶手带出入口的位置改变,使得人员或异物不能进入扶手带下方形成的近似三角区,如图4-8-7所示。

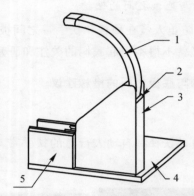

图4-8-7 高扶手带保护装置

1—扶手带;2—入口保护开关;3—支架;4—底板;5—护壁板

五、验证

扶手带出入口处保护装置功能验证的方法有以下两种:

(1)模拟试验法。给控制柜通电,自动扶梯或自动人行道不运行,人为分别使四个保护装置动作,验证其灵敏性和是否能可靠切断电动机供电电路。

(2)实际试验法。启动自动扶梯或自动人行道,用假手进行试验,分别使四个保护装置动作,验证其灵敏性和是否能可靠切断电动机供电电路。

扶手带出入口处与地板之间的保护验证,只能通过目视加钢板尺(或钢卷尺)测量的方法进行验证。检验的关键是保护装置动作的可靠性和灵敏性。

第九节 检修盖板和楼层板缺失监控装置

打开检修盖板和楼层板是维护保养人员对自动扶梯机舱等部位进行维护保养时的正常行为,如果检修盖板和楼层板没有盖好或者发生缺失,则人员就有可能踩入缺口造成伤害。

一、技术要求

GB 16899—2011对检修盖板和楼层板有以下要求:

(1)检修盖板和楼层板应设置一个符合要求的电气安全装置。

(2)检修盖板和楼层板应只能通过钥匙或专用工具开启。

(3)如果检修盖板和楼层板后的空间是可进入的,即使上了锁也应能从里面不用钥匙或工具把检修盖板和楼层板打开。

（4）检修盖板和楼层板应是无孔的。检修盖板应同时符合其安装所在位置的相关要求。

二、工作原理

如图 4-9-1 所示，自动扶梯在上下水平段端部都安装有检测检修盖板和楼层板的电气安全装置，只要检修盖板和楼层板打开，或没有完整地安装好，自动扶梯就停止运行或不能启动。同时，在楼层板的设计上，只允许从端部的第一块开始打开，以确保安全开关动作的准确性。否则，就必须在每个检修盖板和楼层板上都设置电气安全装置。

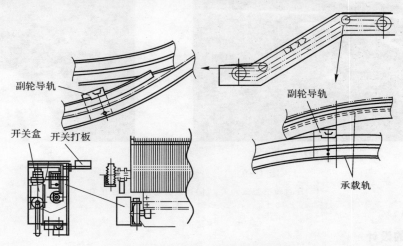

图 4-9-1　梯级运行安全装置

三、须改进的设计

当前设计须改进之处有以下几项：

（1）如果多盖板的打开是不相关的，就会出现当其中未设置开关的盖板打开时，自动扶梯仍会启动或依然在继续运行。

如果多盖板是相关的，当中间的盖板未盖时，自动扶梯就会启动或依然在继续运行，因此，对每块盖板都设置监控装置，依然是必要的。

（2）电气安全装置使用的非安全触点，如图 4-9-2 所示。当盖板被打开或移走时，电气安全装置通过复位弹簧实现触点的断开，若弹簧失效则不能实现断电，自动扶梯就会启动或继续运行。

图 4-9-2　盖板检测装置

另一种，就是在设计中防止开关被压过位而不能复位，如图 4-9-3 所示。这种结构，当盖板被打开时，电气安全装置不会动作。若复位弹簧失效，在盖板缺失的情况下电气开关也不会断开，自动扶梯还会启动或者继续运行。

（a） （b）

图 4-9-3 失效的盖板开关

（a）压过位的盖板开关；（b）被人为动作的盖板开关

四、科学的设计

1. 确保电气开关是安全触点

当盖板被打开时，重锤自然下落，使开关动作，如图 4-9-4 所示。这种设计的重点在于，使电气安全装置动作的重块的质量要足够，且机构运动应灵活，又不会压坏电气开关。也就是需要重块落下的限位装置。当盖板盖上时，重块抬起离开电气开关，开关接通，自动扶梯方可运行。若开关的复位弹簧失效，开关不能被接通，自动扶梯也不能被启动运行。这样就达到了盖板缺失保护的目的。

图 4-9-4 盖板检测装置图

2. 每个盖板都应有缺失监控装置

当多块盖板具有相关性时,假如对拆卸的第一块盖板装设监测装置,这样只能保证盖板从正常盖好状态到移除时的安全,而不能避免盖板复位时少装盖板的安全隐患。

因此,无论盖板相关与否,只有对每个盖板都装设缺失监控装置,才能确保在任何情况下都不会存在盖板缺失时自动扶梯被正常启动或者继续运行的风险。

五、检验与验证

1. 检修盖板和楼层盖板是否设有缺失监控装置

目视判断:打开楼层板和检修盖板,若设置有监控装置,则判定为符合要求。

2. 监控装置是否为安全触点

目视判断:若监控装置符合安全触点要求,则判定为符合要求。

3. 监控装置有效性检验

模拟试验:打开盖板启动自动扶梯,此时其不能被启动;或自动扶梯正常运行时,打开盖板,自动扶梯应能停止运行。

第十节　检修盖板和楼层盖板的防倾翻

检修盖板和楼层盖板是上下自动扶梯和自动人行道的必经之处,若发生盖板倾翻,乘客就有跌落到转向站或回转站的风险,因此,在设计上既要保证防止检修盖板和楼层板倾翻,同时还要保证检修盖板和楼层板的刚度和强度。

一、技术要求

GB 16899 — 2011 中对检修盖板和楼层盖板的规定只能监控其缺失,不能防止其发生倾翻。防止盖板倾翻只能从结构上予以保证,保证其不倾翻以及刚度和强度的有效措施就是在其下方设计支撑梁。

二、楼层板支撑梁的结构分类

楼层板支撑梁的结构分为横梁、纵梁和十字梁 3 种形式。其中横梁最为常见,纵梁次之,十字梁很少见。按楼层板支撑梁是否可拆卸分为固定式和活动式,为了保证维修保养工作的方便性,支撑梁宜采用活动式的设计方案,如图 4 - 10 - 1 所示。

三、检修盖板和楼层板支撑梁的作用

楼层板支撑梁的作用有以下几方面:

(1)增加盖板的强度和刚度。

(2)防止盖板翻转。

(3)降低了盖板框架尺寸的精度要求。

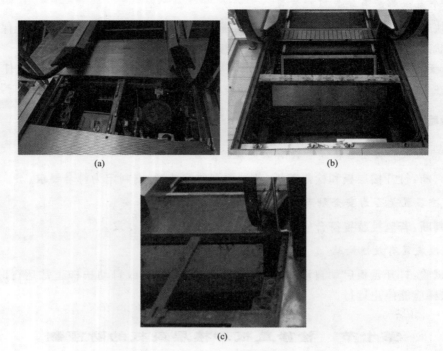

图 4 - 10 - 1　盖板支撑梁
（a）支撑板纵梁结构形式；（b）支撑板横梁结构形式；（c）支撑板十字梁结构形式

四、楼层板支撑梁存在的必要性

GB 16899 — 2011 要求检修盖板和楼层板应设置一个符合要求的电气安全装置，并没有提出要在盖板下设计支撑梁。也有人认为在检修盖板和楼层板下已装有电气安全装置，不需要再设计防止盖板倾翻或者塌陷的梁。这样的设计只能监控盖板的缺失，不能防止盖板的倾翻，不能避免人员在盖板倾翻时发生摔倒甚至坠落的风险。

设计盖板支撑梁有以下优点：

（1）可以增加盖板的强度和刚度。也就是可以适当减轻盖板的重量，便于回转站的维护保养。

（2）可以降低制造成本，提高安全性。目前，大部分自动扶梯和自动人行道的前沿板的电气安全保护装置都是采用的前后移动式，为了保证异物夹入梳齿板时电气安全保护装置动作的可靠性，就必须保证第一盖板与前沿板有一定的间隙，且此间隙内不得有异物。如果此间隙过小，则梳齿板保护装置的动作就不灵活，甚至无法动作。如果盖板框架在制造时过大，就会造成此间隙过大，出现第一盖板从前沿板上脱出而失去支撑的现象，特别是第一盖板是凸形设计时，就会发生翻转，如果在此盖板下未设置电气安全装置，或者电气安全装置不会被触发，自动扶梯与自动人行道就不会停止运行；即使此盖板设置有电气安全装置，电气安全装置被触发后只能使自动扶梯停止运行，不能避免人员摔倒或坠落的风险。

盖板下设计有支撑梁，就可以有效地避免凸形设计的盖板发生翻转，还可以使盖板框架的尺寸公差变大,在装盖板时的要求也可以降低,从而降低制造成本。这样既保证了前沿板和检修盖板电气安全装置可靠动作,也防止了盖板的倾翻。

第十一节　梳齿异物保护装置

梳齿异物保护装置又称为沿板保护装置。设置其目的就是,当有异物卡入梳齿与梯级(或踏板)之间后,梳齿板与梯级(或踏板)发生碰撞时,自动扶梯或自动人行道应自动停止运行。因梳齿板与前沿板刚性连接,保护装置又是连接在前沿板上,因此,称其为前沿板保护装置更为合理。

梳齿板的梳齿本身就是一种防止异物进入的保护装置。

一、技术要求

GB 16899 — 2011 对梳齿异物保护的规定如下:

(1)梳齿板应设计成当有异物卡入时,梳齿在变形情况下仍能保持与梯级或踏板正常啮合或者梳齿断裂。

(2)如果卡入异物后并不是上述的状态,梳齿板与梯级或踏板发生碰撞时,自动扶梯或自动人行道应自动停止运行。

从以上可以看出,梳齿板的梳齿本身就是一种防止异物进入的保护装置,梳齿的强度不能大于梯级的强度。另外,当梳齿板与梯级或踏板发生碰撞时,自动扶梯或自动人行道应自动停止运行。

二、结构形式及工作原理

目前,常见的梳齿板保护装置根据其结构和原理的不同其分类也有区别。

前沿板保护装置从原理上分为双向保护式和单向保护式两种形式。单向保护式形式有水平作用式、垂直作用式;双向保护形式有水平和垂直共同作用式。

前沿板保护装置从结构上分为水平移动式、垂直移动式、水平和垂直移动式 3 种形式。

1. 垂直移动式

图 4-11-1 所示是垂直移动式保护装置的结构,这种结构的梳齿支撑板(即前沿板)连同其支撑支架仅在垂直方向由压缩弹簧压紧定位并设置微动安全开关。当前沿板被抬起时,触发安全开关,使自动扶梯或自动人行道停止运行。这种结构相对简单,但其安全保护的灵敏度与保护的可靠性不如双向保护结构。

2. 水平移动式

如图 4-11-2 所示,当有异物卡入梳齿时,梳齿板向后移动,使连接在前沿板上的拉杆向后移动,从而使安全开关动作,达到断电停机的目的。

对于水平移动式和垂直及水平移动式的保护装置,在设计上要保证前沿板与盖板之间的间隙,确保保护装置的开关动作可靠,如图 4-11-3 所示。

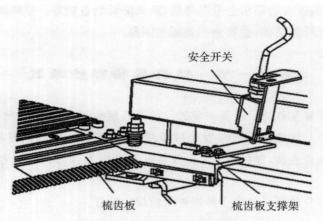

图 4-11-1 梳齿板垂直方向安全保护开关

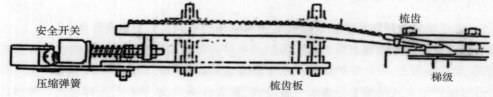

图 4-11-2 梳齿板异物保护装置

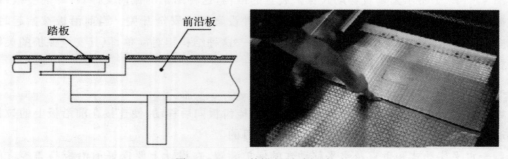

图 4-11-3 前沿板活动间隙

检修盖板和楼层板安装在一框架内,既要保证前沿板与检修盖板和楼层板之间的间隙(一般为 5~8 mm),又要保证检修盖板和楼层板在向后移动离开前沿板支撑时不会发生翻转。特别是第一块应设计为凸形楼层板,前面要有支撑,防止当其不与前沿板搭接时产生翻转。

3．垂直及水平位移式

图 4-11-4 所示是垂直及水平两个方向上都可以移动的结构。此结构的前沿板连同其支撑支架在垂直和水平方向上都安装有压缩弹簧,当梯级与梳齿板之间有异物或梯级不能正常进入梳齿板时,梯级向前的推动力就会将梳齿板抬起并产生水平和垂直方向的位移,连接在前沿板上的支撑支架触发垂直和(或)水平的微动安全开关,使自动扶梯及自动人行道停止运行。

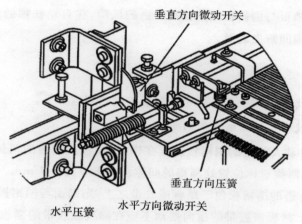

图 4-11-4　梳齿板垂直及水平双向安全保护开关

三、须改进的理解

有的人认为,设置梳齿板异物保护装置目的是防止梳齿板与梯级或踏板发生碰撞,而不是防止异物卡入。也就是这种保护是用来保护设备的,而不是用于保护乘客的。

从一些已发生的事故可以看出,该装置不只是保护自动扶梯与自动人行道,也是对乘客的一种保护。因而,认为前沿板保护装置只是对设备的保护理由是不科学、不充分的。

四、梳齿板保护装置灵敏度

梳齿板保护装置的灵敏度决定着其保护的效果及功能的有效性,决定其灵敏度的是其复位弹簧力的大小和机构动作的灵活性,最终反映在使其动作的力的大小。

使梳齿板保护装置动作的力的大小国家标准尚无规定,制造厂家对其动作力的大小也没有明确的要求。

美国的电梯标准(ASME A17.1a-2080)规定,应设置在以下情况下切断自动扶梯驱动主机和制动器电源的安全装置:

(1)沿运行方向在梳齿板任一侧施加不大于 1 780 N 的水平力,或在梳齿板的中心施加不大于 3 560 N 的水平力。

(2)在梳齿板前部的中心向上施加不大于 670 N 的垂直力。

(3)该装置应手动复位。

从以上可以看出,对于梳齿板异物保护装置的要求如下:

(1)梳齿板异物保护装置要有灵敏度的要求,既要避免因作用力过小而频繁地误动作,也不能因作用力过大而不能起到有效的保护作用。

(2)梳齿板异物保护装置要具有故障锁定功能。

第十二节　围裙板防夹装置

为了降低梯级或踏板与围裙板之间被夹异物的风险,在自动扶梯的进出口接近水平运行段设置了梯级与围裙板间防夹装置。

一、技术要求

GB 16899 — 2011 对围裙板和梯级与围裙板之间的规定如下。

1. 梯级、踏板或胶带与围裙板之间的间隙

(1)自动扶梯或自动人行道的围裙板设置在梯级、踏板或胶带的两侧,任何一侧的水平间隙不应大于 4 mm,在两侧对称位置处测得的间隙总和不应大于 7 mm。

(2)如果自动人行道的围裙板位于踏板或胶带之上,则踏面与围裙板下端间所测得的垂直间隙不应超过 4 mm。踏板或胶带的横向摆动不应在踏板或胶带的侧边与围裙板垂直投影间产生间隙。

2. 围裙板

对自动扶梯,应降低梯级和围裙板之间滞阻的可能性。为此,应满足以下 4 个条件:

(1)围裙板的刚度应符合"在围裙板的最不利部位,垂直施加一个 1 500 N 的力于 25 cm² 的方形或圆形面积上,其凹陷不应大于 4 mm,且不应由此而导致永久变形"的规定;

(2)间隙应符合"自动扶梯或自动人行道的围裙板设置在梯级、踏板或胶带的两侧,任何一侧的水平间隙不应大于 4 mm,在两侧对称位置处测得的间隙总和不应大于 7 mm"的规定;

(3)应装设符合下列规定的围裙板防夹装置(见图 4 - 12 - 1):

1)由刚性和柔性部件(例如:毛刷、橡胶型材)组成。

2)从围裙板垂直表面起的突出量应最小为 33 mm,最大为 50 mm。

3)在刚性部件突出区域施加 900 N 的力,该力垂直于刚性部件连接线并均匀作用在一块 6 cm² 的矩形面积上,不应产生脱离和永久变形。

4)刚性部件应有 18 mm 到 25 mm 的水平突出,并具有符合规定的强度。柔性部件的水平突出应为最小 15 mm,最大 30 mm。

5)在倾斜区段,围裙板防夹装置的刚性部件最下缘与梯级前缘连线的垂直距离应在 25 mm 和 30 mm 之间。

6)在过渡区段和水平区段,围裙板防夹装置的刚性部件最下缘与梯级表面最高位置的距离应在 25 mm 和 55 mm 之间。

7)刚性部件的下表面应与围裙板形成向上不小于 25°的倾斜角,其上表面应与围裙板形成向下不小于 25°的斜角。

8)围裙板防夹装置边缘应倒圆角。紧固件和连结件不应突出至运行区域。

9)围裙板防夹装置的末端部分应逐渐缩减并与围裙板平滑相连。围裙板防夹装置的端点应位于梳齿与踏面相交线前不小于 50 mm,最大 150 mm 的位置(见图 4-12-2)。

10)如果围裙板防夹装置是内盖板的延伸,则"对于与水平面所成倾斜角小于 45°的每一块内盖板,沿水平方向测得的宽度应小于 0.12 m"的要求同样适用。如果围裙板防夹装置是装设在围裙板上或是围裙板的组成部分,则"围裙板应垂直、平滑且是对接缝的"的要求同样适用。

(4)围裙板防夹装置下方的围裙板应采用合适的材料或合适的表面处理方式,使其与皮革(湿和干),PVC(干)和橡胶(干)的摩擦因数小于 0.45。

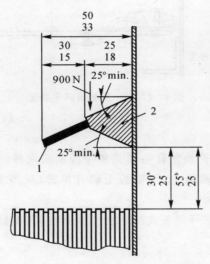

图 4-12-1　围裙板防夹装置的要求

1—柔性部件;2—刚性部件

图 4-12-2　防夹装置端点距梳齿与踏面相交线之间的距离

二、结构及原理

围裙板防夹装置分为保护装置和防护装置两种。

1. 保护装置

在自动扶梯上、下圆弧段靠近梳齿板的围裙板后面装有四只电气开关,当自动扶梯提升高度较大时,中间再加装。如图4-12-3所示,当围裙板与梯级间夹有异物时,由于围裙板的变形而断开相应的电气开关,从而使自动扶梯停止运行。当故障排除后,围裙板弹性变形消失,则电气开关能自动复位。

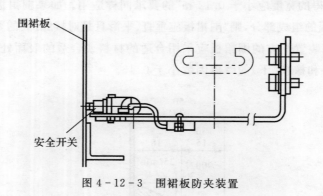

围裙板

安全开关

图4-12-3 围裙板防夹装置

2. 防护装置

目前,最常见的围裙板防护装置有毛刷式和橡胶条式两种[见图4-12-4(b)]。防护装置安装在自动扶梯两侧的围裙板上,围裙板毛刷有单排(见图4-12-1)和双排之分[见图4-12-4(a)]。

如果自动人行道的围裙板位于踏板或胶带之上,则可以不安装防护装置,如图4-12-5所示。

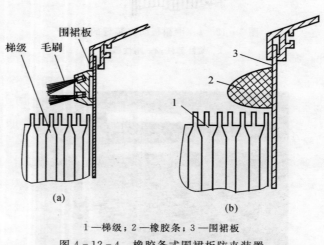

梯级 毛刷 围裙板

3

2

1

(a)

(b)

1—梯级;2—橡胶条;3—围裙板

图4-12-4 橡胶条式围裙板防夹装置

(a)毛刷式;(b)橡胶式

图 4 - 12 - 5　围裙板置于踏板之上的自动人行道

三、须改进的防护装置

图 4 - 12 - 6 所示为一种不符合要求的防护装置,其毛刷的端点不符合应位于梳齿与踏面相交线前不小于 50 mm、最大 150 mm 的位置的要求。

图 4 - 12 - 6　不符合防夹装置端点距梳齿与踏面相交线之间的距离

第十三节　紧急停止装置

紧急停止装置又称为急停装置,是用于起动急停功能的手动控制装置。急停的预定功能是:避免产生或减小存在的对人的各种危险、对机械或对进行中的工作的危险。

自动扶梯和自动人行道的紧急停止装置是指自动扶梯或自动人行道在运行出现异常或运行过程中对乘客造成危险时使其停止的装置。它是表露在自动扶梯或自动人行道外部的一种装置。

一、目的及作用

紧急停止装置按用途可分为电梯调试维修时使用的停止装置和为了避免乘客受到伤害设置的停止装置。对自动扶梯调试和维护保养使用的停止装置,一般设置在钥匙开关附近、电源主开关附近,为维护保养人员或调试人员使用。而防止对乘客造成危险的停止装置应设置在乘客或其他人员便于操作的地方。本节阐述的紧急停止装置主要是为了乘客安全的停止装置。

附加紧急停止装置是为了满足操作的方便性而增加的停止装置,附加停止装置与紧急停止装置串联。

二、技术要求

GB 16899 — 2011 规定:自动扶梯或自动人行道应设有在紧急情况下使其停止的紧急停止装置。紧急停止装置应设置在位于自动扶梯或自动人行道出入口附近、明显而易于接近的位置上。

紧急停止装置之间的距离应符合以下规定:

(1)自动扶梯,不应超过 30 m;

(2)自动人行道,不应超过 40 m。

为保证上述距离要求,必要时应设置附加紧急停止装置。

1. 位置要求

GB 16899 — 2011 的附录 A 规定:当自动扶梯或自动人行道的出口可能被建筑结构(如:闸门、防火门)阻挡时,在梯级、踏板或胶带到达梳齿与踏面相交线之前 2.0～3.0 m 处,在扶手带高度位置应增设附加紧急停止装置。该紧急停止装置应能从自动扶梯或自动人行道乘客站立区域操作。

GB 16899 — 2011 的附录 I 规定:对于自动扶梯,在梯级到达梳齿与踏面相交线前 2.0～3.0 m 处,在扶手带高度位置宜安装附加紧急停止装置。位于过渡曲线区域附近的紧急停止装置宜能从自动扶梯乘客站立区域操作,在出口处的紧急停止装置宜能从自动扶梯外部操作。

若不能满足以上要求,应在自动扶梯的出入口,扶手带的端部,于扶手带高度位置设置一紧急停止装置。

对于自动人行道。在踏板到达梳齿与踏面相交线前 2.0～3.0 m 处,在扶手带高度位置应安装附加紧急停止装置。位于过渡曲线区域附近的紧急停止装置应能从自动人行道乘客站立区域操作,而在出口处的紧急停止装置应能从自动人行道外部操作。

在自动扶梯或自动人行道的运行区段的中间应设置一停止装置。

2. 标识要求

紧急停止装置应为红色;应有清晰、醒目、明显的中文标识。

3. 操作要求

紧急停止装置应易于接近和操作;应有防止误操作的措施。

紧急停止装置可采用自动复位的非双稳态开关。

三、常见停止装置的设置及不足

常见的紧急停止装置的设置位置及形式有以下几种。

1. 设置在扶梯外盖板端部

图 4 - 13 - 1 所示是一种设置在扶梯外盖板端部下方的紧急停止装置。这样设置的急停

装置若是靠墙壁侧,操纵就很不方便。当乘客流量大时,要进行操纵更是困难。

2. 设置在内盖板处

图 4-13-2 所示是一种设置在内盖板处的停止装置。这种设置于内盖板的紧急停止装置不便于操纵,即使有醒目的标识,当客流量大时很有可能被遮挡,在操作时要弯腰或蹲下。有的厂家为了避免误操作,在停止开关上还加有盖板,这样更是给操作带来了不便。

假若事故正好发生在出入口的位置,要想操作急停按钮就必须进入自动扶梯的工作区域,这样就很不方便。

图 4-13-1 设置在端部的停止装置

图 4-13-2 设置在内盖板处停止装置

3. 带盖板的停止装置

图 4-13-3 所示是一种设置在扶梯外盖板端部,且带有盖板的紧急停止装置。停止按钮在外盖板的下方且带有护盖,这样不易观察和操作。

4. 中间急停装置

图 4-13-4 所示是几种中间停止装置。从图中可以看出这种急停装置不醒目,且操纵难度较大。

图 4 - 13 - 3　带盖板的停止装置

图 4 - 13 - 4　几种中间停止装置

以上停止装置的设置不满足"紧急停止装置应设置在位于自动扶梯或自动人行道出入口附近、明显而易于接近的位置上"的要求。其中包括：

(1)不满足与扶手带高度一致的要求；

(2)不满足在梯级、踏板或胶带到达梳齿与踏面相交线之前 2.0～3.0 m 处的要求；

(3)不满足在出口处的紧急停止装置应能从自动人行道外部操作的要求；

(4)停止装置过小,不够醒目；

(5)将自动扶梯运行异常的停止装置与避免乘客受到伤害的停止装置混淆。

四、科学的设置

紧急停止装置就是在紧急情况下才使用,因此,其在设置上就必须满足醒目、易于接近、操作简便的要求。

1. 醒目

紧急停止装置的醒目包括位置醒目和标识醒目。只有标识醒目和位置醒目是紧急操纵装置必须具备的要求。目前,有的自动扶梯的紧急停止按钮的标识虽然很醒目,但是位置不容易找到。特别是在乘客流量大的情况下,标识也会被乘客遮挡。

2. 易于接近、操作简便

紧急停止装置要求操作简便就是为了防止对乘客危害的进一步扩大,其操作时效直接影响着自动扶梯停止的及时性。因此,紧急停止装置的操作位置必须符合人机工程学,也不能被乘客阻挡。紧急停止装置的位置不宜置于靠墙的一侧。

下述介绍几种操作比较简便的位置设置方案:

(1)位于外盖板端部的紧急停止装置。位于外盖板端部的紧急停止装置按钮设置位置应位于弧形转向段的上部扇形区,按钮中心线与水平面呈 45°的径线上,如图 4-13-5 所示。

图 4-13-5　位于外盖板端部的停止装置图

(2)位于出入口处独立的紧急停止装置。在自动扶梯与自动人行道出入口处设置紧急停止装置是为了便于操作,如图 4-13-6 所示。

(a)　　　　　　　　　　(b)

图 4-13-6　位于外盖板端部的停止装置图

(3)中间紧急停止装置。操作简便的中间停止装置如图 4 - 13 - 7 所示。

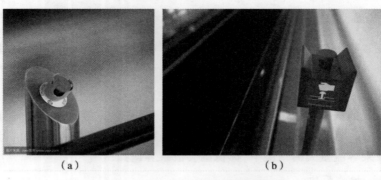

（a）　　　　　　　　　　　　　（b）

图 4 - 13 - 7　中间停止装置图

3. 带有盖板的急停操作装置的要求

为了避免紧急停止装置的误操作，有人认为应在停止按钮上加装护盖。对于紧急停止装置加装护盖的按钮美国标准 ASME A17.1a－2008/CSA B44a－08 要求如下：

(1)按钮应采用可以随时提起或推到一侧的透明盖板盖住。

(2)当盖板被移动时，应触发报警声响信号。信号的强度在按钮位置不应小于 80 dB(A)。盖板应标记"紧急停止""移动盖板"或类似说明(如"提起式盖板""滑动式盖板")以及"按钮"说明。

(3)按钮应安装在外侧的盖板上。

五、增加中间附加紧急停止装置的建议

对于是否设置中间紧急停止装置在 GB 16899 — 2011 中已有明文规定，但根据我国目前的实际使用情况来看标准要求过低。因为，我国的人口密度较大，乘梯人数较多，那么发生事故的概率相对较大，为了防止事故发生后危害进一步扩大，建议当自动扶梯的长度大于 20 m，自动人行道长度大于 30 m 时，要加装中间紧急停止装置。

第十四节　乘用安全标志

安全标志是用以表达特定安全信息的标志，由图形符号、安全色、几何形状(边框)或文字构成。安全标志分禁止标志、警告标志、指令标志和提示标志四大类。

自动扶梯和自动人行道的乘用安全标志是根据标准要求必须要有向自动扶梯和自动人行道使用者传递相关安全信息的安全标志，并规定标志的最小直径应为 80 mm。

一、设置要求

GB 16899 — 2011 规定图 4 - 14 - 1 所示为指令标志和禁止标志，应设置在入口附近。

(1)小孩必须拉住；

(2)宠物必须抱着；

(3)握住扶手带；

(4)禁止使用手推车。

根据需要,可增加标志,例如:"不准运输笨重物品"和"赤脚者不准使用"。

小孩必须拉住   宠物必须抱着

握住扶手带   禁止使用推车

图 4 - 14 - 1　自动扶梯警示标志内容

二、须改进的设置

警示标志设置的不合理之处主要表现在以下几方面:

(1)位置不合理和内容不符合要求,张贴位置不合理就不能给乘客以醒目的提醒。

(2)内容不符合要求,未涵盖标准规定的内容,未起到应有的作用。

(3)标志大小不符合要求。

具体的不符合要求的形式如下:

1. 标志位置不合理要求

警示标志张贴位置不合理主要存在在以下几种形式:

(1)警示标志张贴在出入口的内护壁板上,如图 4 - 14 - 2 所示。

图 4 - 14 - 2　张贴在出入口的内护壁板上的标志

(2)警示标志张贴在出入口的外护壁板上,如图 4 - 14 - 3 所示。

(3)警示标志张贴在内盖板上,如图 4 - 14 - 4 所示。

(4)警示标志张贴在楼层盖板上,如图 4 - 14 - 5 所示。

2. 标志内容不符合要求

警示标志没有将标准规定的四种标志全体现出来,如图 4 - 14 - 6 所示。

图 4 - 14 - 3　张贴在出入口的外护壁板上的标志

图 4 - 14 - 4　张贴在内盖板上的标志

图 4 - 14 - 5　张贴在楼层盖板上的标志

图 4 - 14 - 6　内容不符合要求的标志

二、合理的张贴位置

为了使警示标志能起到应有的作用,合理的位置是将警示标志放置在乘客乘坐扶梯之间的位置,也就是在自动扶梯的入口处放置警示牌,如图 4 - 14 - 7 所示。

图 4 - 14 - 7 放置在入口处的警示牌式标志

第五章　高海拔地区环境对电梯性能的影响

我国幅员辽阔,海拔高度差异大。为此,电梯的安装地点的海拔高度不应超过 1 000 m。对于海拔高度超过 1 000 m 的电梯,其曳引机应按 GB/T 24478—2009《电梯电引机》中对电梯曳引机的要求进行了修正;对于海拔高度超过 2 000 m 的电梯,其低压电器的选用应按 GB/T 20645—2006《特殊环境条件高原用低压电器技术要求》的要求进行修正。

随着海拔高度的增加,大气的压力下降,空气密度和湿度相应地减少,其特征如下:

(1)空气压力或空气密度较低;

(2)空气温度较低,温度变化较大;

(3)空气绝对湿度较小;

(4)大阳辐射照度较高;

(5)降水量较少;

(6)年大风日多;

(7)土壤温度较低,且冻结期长。

下述根据高海拔地区气候的特点,对该地区环境对电梯性能的影响进行简单地分析。

第一节　高海拔对电梯电气的影响

高海拔环境对电梯电气性能的影响主要是由于气压低导致的,其影响包括以下几方面。

一、对绝缘介质强度的影响

空气压力或空气密度的降低,引起绝缘强度的降低。在海拔 5 000 m 范围内,每升高 1 000 m,平均气压降低 7.7~10.5 kPa,绝缘强度降低 8%~13%。

二、对电气间隙击穿电压的影响

对于通过型式试验的电梯,由于其电气间隙已经固定,随着空气压力的降低,其击穿电压也会下降。为了保证产品在高原环境使用时有足够的耐击穿能力,必须增大电气间隙。

三、对电晕及放电电压的影响

(1)高海拔低气压使高压电机的局部放电起始电压降低,电晕起始电压降低,电晕腐蚀严重;

(2)高海拔低气压使电力电容器内部气压下降,导致局部放电起始电压降低;

（3）高海拔低气压使避雷器内腔电压降低，导致工频放电电压降低。

四、对开关电器灭弧性能的影响

空气压力或空气密度的降低使空气介质灭弧的开关电器灭弧性能降低，通断能力下降，电器寿命缩短。直流电弧的燃弧时间随海拔升高或气压降低而延长；直流与交流电弧的飞弧距离随海拔升高或气压降低而增加。

五、对介质冷却效应，即产品温升的影响

空气压力或空气密度的降低引起空气介质冷却效应的降低。对于以自然对流、强迫通风或空气散热器为主要散热方式的电气产品，由于散热能力的下降，温升增加。在海拔 5 000 m 范围内，每升高 1 000 m，则平均气压每降低 7.7～10.5 kPa，温升增加 3%～10%。

（1）静止电器的温升随海拔升高的增高率，每 100 m 一般在 0.4 K 以内，但对高发热电器，如电阻器等，温升随海拔升高的增高率，每 100 m 达到 2 K 以上。

（2）电力变压器温升随海拔的增高与冷却方式有关，其增加率每 100 m 为：油浸自冷，额定温升的 0.4%；干式自冷，额定温升的 0.5%；油浸强迫风冷，额定温升的 0.6%；干式强迫风冷，额定温升的 1.0%；

（3）电机的温升随海拔升高的增高率每 100 m 为额定温升的 1%。

从以上可以看出，高海拔对电气部分的影响主要是绝缘等级降低、温升加剧。

第二节　高海拔对机械结构的影响

高海拔环境对机械结构的影响是由于温度低、气压低、紫外线辐射强和气候干燥。高海拔环境对机械结构的影响主要有以下几种：

一、对液压密封的影响

（1）由于温度低、紫外线辐射强，引起橡胶材料物理和化学性质的变化，造成密封效果降低；

（2）由于内外压力差的增大，气体或液体易从密封容器中泄露概率增大，对于有密封要求的电气产品，间接会影响到其电气性能。

（3）由于气候干燥，引起润滑剂的蒸发及塑料制品中增塑剂的挥发加速。

这样就使液压密封性能降低，容易产生漏油现象。

二、对机械性能的影响

高海拔地区的气温都比较低，试验表明：钢材的强度（屈服强度和极限强度）均随温度的降低而提高，塑性指标（伸长率和截面收缩率）随温度的降低而减小，也就是低温时钢材的脆性增大。电梯的导轨大部分都是使用的 Q235 钢材，在 −25℃ 时脆性很大，因此在高寒地区不采用 Q235 材质作为钢结构。

第六章 检验与试验

电梯的检验和试验是保证电梯质量和安全运行的基本方法,检验和试验的完整性、充分性、有效性、科学性决定着电梯的质量以及质量的一致性。

我国对电梯的检验分为型式试验、监督检验、定期检验和等效安全评价。

第一节 型式试验

型式试验即为了验证产品能否满足技术规范的全部要求所进行的试验。它是新产品鉴定中必不可少的一个环节。只有通过型式试验,该产品才能正式投入生产。

电梯属于特种设备,特种设备型式试验由国家核准的特种设备型式试验机构进行,特种设备及其安全保护装置、安全部件等均需进行型式试验。型式试验是取得制造许可的前提,试验依据是 TSG T7007 — 2016 电梯型式试验规则。试验所需样品的数量由认证机构确定,试验样品从制造厂的最终产品中随机抽取。试验在被认可的独立检验机构进行,对个别特殊的检验项目,如果检验机构缺少所需的检验设备,可在独立检验机构或认证机构的监督下使用制造厂的检验设备进行。

一、型式试验着重解决的问题

电梯的型式试验结果决定了电梯能否投放市场,没有进行型式试验的电梯产品或者型式试验不符合要求的电梯产品是不能投放市场的。为此,电梯的型式试验需要着重解决以下问题。

1. 图样和技术文件的完整性、正确性、一致性

型式试验的最终结果就是要确定相对固化的一套完整的能制造出符合安全技术规范要求的图样和技术文件,获得一套能正确使用和维护的电梯技术资料。也就是说,型式试验是通过试验来验证设计图样和技术文件的正确性、完整性、一致性。避免通过了型式试验的电梯,在后续的制造和使用中不能满足安全技术规范的要求。

2. 图样与试验样品的符合性

型式试验样品符合设计图样是型式试验的前提,只有试验样品与设计图样一致,这样通过型式试验的电梯才是真正地通过了型式试验。否则,型式试验的结果就不可取。例如,电梯样品的制造中原材料(元器件)是"以高带低"通过了型式试验,那么,在后续的制造中即使按照设计图样和技术文件进行加工,也不可能制造出符合安全技术要求的电梯。

只有电梯样品与设计图样和技术文件相一致,得到的型式试验结果才是可信的。

3. 电梯安全性能是否满足标准和安全技术规范要求

"标准"是电梯应该满足的基本要求,电梯的"安全技术规范"是必须要达到的技术性能。一般情况下,安全技术规范高于标准的要求。

在执行标准和安全技术规范时,要对其条文正确地理解并严格执行。对试验方法要进行科学论证,防止因试验方法的不正确带来试验结果的误判。

不能机械地执行标准,再先进的标准都落后于科学技术的发展进步。

4. 制造工艺与设计要求的协调统一

电梯的型式试验的另一方面就是要解决制造工艺、设备能否可实现设计图样和技术文件的要求,以及设计图样和技术文件的可实现性。这是保证电梯制造质量一致性的一项措施。

国家标准要求按照一定周期、数量及在转厂时进行型式试验就是要保证制造工艺满足设计图样和技术文件的程度及质量。

二、型式试验的重点

1. 型式试验样品

电梯型式试验的样品要具有代表性,要能真实地反映电梯的质量水平,既不能抽取质量状况最差的,也不能抽取质量状况最好的作为试验样品。

2. 型式试验大纲的完整性和正确性

电梯的型式试验细则是电梯型式试验的普遍要求,并未针对具体的电梯。因而,在进行型式试验前要针对不同的电梯产品制订不同的试验大纲和试验方法,并组织进行评审,确保试验大纲的内容完整、方法正确。

在制订试验大纲时,要分析被试电梯的设计原理、审查电气原理图,判断其在设计和实现方式上的特点等。

3. 型式试验的完整性、正确性

在进行型式试验时,首先要验证电梯的整机及其部件在规定条件下功能实现的科学性,能否可靠动作;其次,才能对其固有的性能进行测试。

电梯型式试验完成后应组织对试验情况的评审工作,重点对试验项目的完成程度、试验结果的真实性、试验结论评定的正确性进行评审。

三、型式试验结果的效用

电梯的型式试验结果表明了电梯是否满足标准和安全技术规范的程度,决定了其是否能投入市场,是制造许可和资质认定的前提。此外,型式试验的结果还有以下效用:

(1)为电梯产品的改进和完善提高提供依据;

(2)为电梯制造工艺的改进提供依据;

(3)为新电梯的研发提供借鉴;

(4)为电梯标准和技术规范的更新提供支持;

(5)为电梯管理、制造、使用的决策者提供依据。

第二节　监督检验和定期检验

目前电梯所称的监督检验,是指由国家核准的特种设备检验机构,根据检验规则规定,对电梯安装、改造、重大修理过程进行的监督检验。定期检验,是指检验机构根据检验规则规定,对在用电梯定期进行的检验。

监督检验和定期检验,是对电梯生产和使用单位执行相关法规标准,落实安全责任,开展为保证和自主确认电梯安全的相关工作质量情况的查证性检验。电梯生产单位的自检记录或者报告中的结论,是对设备安全状况的综合判定;检验机构出具检验报告中的检验结论,是对电梯生产和使用单位落实相关责任、自主确定设备安全等工作质量的判定。

一、监督检验和定期检验的区别与联系

监督检验分为定期监督检验和不定期的监督检验。因此,定期检验是监督检验的一种形式。

监督检验和定期检验主要有以下相同之处:

(1)检验的目的相同。其目的都是对电梯生产和使用单位落实相关责任、自主确定设备安全等工作质量的判定。

(2)检验的依据相同。检验依据的都是检验规则。

(3)检验项目的要求相同。无论是监督检验还是定期检验,对于相同检验项目的技术要求和检验方法都是相同的。

(4)检验的要求相同。都是在生产或者使用单位自检合格的基础上的检验。

(5)检验结果的效用相同。其检验结果都是电梯能否投入使用的依据之一,也是监察部门进行监督管理的依据。

监督检验和定期检验的不同之处如下:

(1)检验项目的多少不同。定期检验对在正常使用中技术要求不会变化的项目或内容进行了取舍。

(2)检验的对象不同。监督检验的对象是安装、改造、重大修理的电梯;定期检验的对象是在用电梯。监督检验针对的是安装单位;定期检验针对的是维护保养单位和使用单位。

(3)对检验人员的要求不同。

二、监督检验和定期检验存在的不足

电梯检验规则规定:监督检验和定期检验(以下统称检验)是对电梯生产和使用单位执行相关法规标准,落实安全责任,开展为保证和自主确认电梯安全的相关工作质量情况的查证性检验。电梯生产单位的自检记录或者报告中的结论,是对设备安全状况的综合判定;检验机构出具检验报告中的检验结论,是对电梯生产和使用单位落实相关责任、自主确定设备安全等工作质量的判定。

根据以上规定,结合电梯检验规则的检验项目、内容要求和检验方法,以及全国实施电梯监督检验的工作来看,在电梯的监督检验和定期检验中存在以下不足。

1. 重检验,轻监督

监督检验主要是规范质量形成主体的行为,使电梯的质量能始终保持在一定的质量水平。目前的检验工作只是注重了电梯本身的质量忽视了监督的职能。

(1)生产单位和使用单位的自检流于形式。

(2)生产单位的专职检验人员职能没有得到发挥。

(3)检验人员不看安装、维护保养单位的体系文件。

(4)对检验发现的问题敷衍了事,甚至存在检验人员为了完成检验任务帮着生产单位改正自检报告的现象,造成相同单位相同的问题重复发生。

2. 重实物,轻过程

目前的检验规则对电梯本体的检验内容、要求和检验方法做出了具体要求较多,而对电梯生产和使用单位落实相关责任、自主确定设备安全等工作质量及过程质量做出的相应要求较少。

3. 重问题,轻整改

在对检验过程中发现问题的整改上,只是见招拆招,没有做到要求施工单位切实查明问题的原因,举一反三地进行整改,对整改效果不能进行有效地验证,致使同样的问题重复出现。这就使得质量主体的工作质量停滞不前,就失去了真正意义上的监督检验。

4. 重技术,轻行政

目前电梯检验规则只是对电梯的技术检验有明确的要求,而在行政监督方面没有明确的要求,致使在检验中发现的问题不能及时整改。监督检验工作离不开行政手段的干预,行政和技术两者应相辅相成,互为依托。

三、电梯监督检验的设想

要实现真正意义上的监督检验,需要做好以下几方面工作:

(1)加强特种设备质量监督理论的研究,切实发挥检验在提升电梯质量中的作用。

(2)将监督检验理念贯穿在检验规则中,切实做到检验是以对电梯生产和使用单位落实相关责任、自主确定设备安全等工作质量判定为主的理念。

(3)畅通信息传递渠道,不断提升电梯本质安全性。有效建立标准化、检验、生产、监督管理等机构为一体的信息传递渠道,不断改进电梯的本质安全性能,提高电梯维护保养的针对性。

(4)实施技术监督与行政监督相融的原则。行政监督是质量监督的手段,技术监督是行政监督的支撑和保障,行政监督必须以技术监督为基础和依据,否则,行政监督就成为无源之水,无本之木;技术监督必须有行政监督的支持,否则,技术监督工作就难以实施,其监督效能就难以发挥。

总之,质量监督是提高和保持电梯重量的主要手段,只有行政监督和技术监督融为一体,才是真正意义上的质量监督,才能达到应有的效果。

第三节　突破现有规范和标准的电梯产品

随着新技术、新工艺、新材料的迅猛发展,电梯产品出现了突破现行技术规范和标准的情况,为了解决新技术、新工艺、新材料在电梯应用中的问题,目前我国的要求是在其投入市场前,均应由特种设备安全技术委员会电梯分委会进行等效安全性评价。

电梯的等效安全性评价是对突破现有电梯安全规范与标准的新电梯及零部件能否投入市场的一种许可方式。

一、等效安全性评价程序

等效安全评价的程序为:①向国家特种设备局提出申请;②申请型式试验;③电梯分委会提出安全性评价意见;④国家特种设备局审批;⑤办理许可手续。其流程如图6-3-1所示。

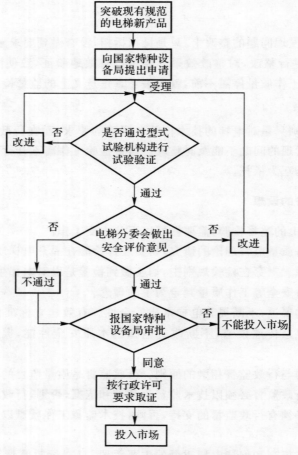

图6-3-1　等效安全评价流程图

1．申请

等效安全性技术的申请单位向特种设备局提出申请时,应当提供以下中文资料:

（1）项目的技术介绍，含研发中试验情况。

（2）风险评估报告。评估方法参照 GB/T 20900 — 2007《电梯、自动扶梯和自动人行道风险评价和降低的方法》或 ISO/TS 14798 — 2009《电梯、自动扶梯和移动步道、危险评估和减少方法学》。

（3）建议的型式试验、监督检验及定期检验的内容、要求、方法及合格判定规则。

（4）其他国家或地区的试验及认可情况与相关文件（如果有）。

2．型式试验

申请单位在约请电梯型式试验机构进行验证试验前，申请单位应与型式试验机构商定对申请等效安全性评价产品进行试验验证的内容和方法。

在型式试验结束后，型式试验机构应针对等效安全性评价应考虑的因素逐项提出：

（1）型式试验报告；

（2）等效安全性评价的书面报告（含是否批准的建议）。

3．等效安全性评价

特种设备安全监察局受理上述申请并收到型式试验机构的等效安全性评价报告后，委托电梯分委会组织专家进行审议，并由电梯分委会提出等效安全性评价意见。

（1）电梯分委会审议前的准备工作。

1）初步审核申请材料。

2）确定初步沟通、函审及参加审议会议的专家，特别考虑申请单位对参与人员的回避请求，以保护申请单位的知识产权。

3）与有关专家进行提前沟通，甚至必要的函审。提前沟通和函审的目的在于防止进行试验验证机构考虑问题存在的片面性。

如果审议后，需要补充提供资料或补充进行试验的，申请单位应当按要求完成规定的补充工作，由电梯分委会补充审议后提出等效安全性评价意见。

（2）等效安全性评价

等效安全性评价意见的内容应包含：

1）该产品是否与国家现有安全技术规范与强制性国家标准具有等效安全性；

2）型式试验、安装监督检验及定期检验的内容、要求、方法与合格的判定规则。

4．批复

特种设备局收到电梯分委会的等效安全性评价意见后，将酌情予以批复。

5．办理许可

申请单位得到等效安全性评价批复后，按照相关规定办理制造许可的有关手续。

二、申请单位的工作

电梯新产品的申请单位在申请新产品投放市场之前要按照程序做好相应的工作，工作程序如图 6 - 3 - 2 所示。

（1）风险评估。研发的新产品首先要与现有标准和安全技术规范进行对照，判断是否超越了现有标准和规范的要求，如果确定突破了现有标准和规范的要求，就要进行安全技术风险评估。

在进行风险评估时,要严格按照 GB/T 20900 — 2007 或 ISO/TS 14798 — 2009 的要求进行,如果评估的结果不能被接受,就要进行改进设计,直至满足可接受的风险为止,并且对于剩余风险要有切实可行的防范措施。

(2)试验验证。还要对新产品进行试验和验证,用试验结果表明确保风险可接受。

(3)制订检验内容、要求和方法。制订的检验内容、要求和方法要求如下:

1)检验内容要全面;

2)检验要求要明确;

3)检验方法的科学性、合理性、可行性要进行论证,并通过试验验证可行。

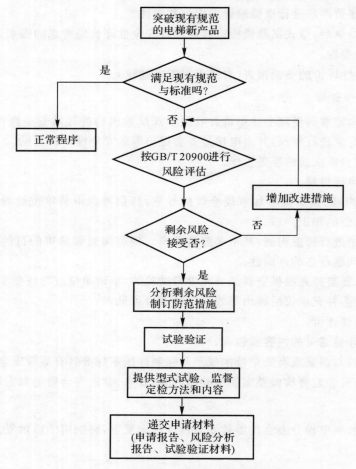

图 6 - 3 - 2 电梯新产品研发单位的工作程序

参 考 文 献

[1] 毛怀心. 电梯与自动扶梯技术检验. 北京:学苑出版社,2000.
[2] 张宏亮,李杰锋. 电梯检验工艺手册. 北京:中国质检出版社,2018.
[3] 高勇. 电梯质量监督及检验技术. 西安:西北工业大学出版社,2014.
[4] 井德强. 机电类特种设备质量监督概论. 西安:西北工业大学出版社,2017.
[5] 李勤. 机械安全标准汇编:上. 北京:中国标准出版社 2007.